iThome
鐵人賽

博碩文化

D3.js資料視覺化實用攻略

完整掌握Web開發技術，求人

金筠婷 著

21
iThome鐵人賽
佳作
iT邦幫忙

打造動態且驚豔酷炫的客製化圖表的 D3.js 實戰指南

由淺入深介紹
循序漸進說明如何
使用D3.js建立圖表

官方文件說明
讀懂D3.js官方文件
不怕跟不上改版

完整圖表範例
完整收錄從基礎到
進階的圖表範例

豐富實戰案例
使用真實世界的
開放資料解說圖表

D3.js 資料視覺化實用攻略
一完整掌握 Web 開發技術，繪製互動式圖表不求人一

作　　者：金筠婷
責任編輯：曾婉玲

董 事 長：陳來勝
總 編 輯：陳錦輝

出　　版：博碩文化股份有限公司
地　　址：221 新北市汐止區新台五路一段 112 號 10 樓 A 棟
　　　　　電話 (02) 2696-2869 傳真 (02) 2696-2867
發　　行：博碩文化股份有限公司
郵撥帳號：17484299　戶名：博碩文化股份有限公司
博碩網站：http://www.drmaster.com.tw
讀者服務信箱：dr26962869@gmail.com
訂購服務專線：(02) 2696-2869 分機 238、519
（週一至週五 09:30 ～ 12:00；13:30 ～ 17:00）

版　　次：2023 年 5 月初版

建議零售價：新台幣 680 元
Ｉ Ｓ Ｂ Ｎ：978-626-333-487-8（平裝）
律師顧問：鳴權法律事務所 陳曉鳴 律師

本書如有破損或裝訂錯誤，請寄回本公司更換

國家圖書館出版品預行編目資料

D3.js 資料視覺化實用攻略：完整掌握 Web 開發技術，
繪製互動式圖表不求人 / 金筠婷著 . -- 初版 . -- 新北市
：博碩文化股份有限公司，2023.05

　面；　公分

ISBN 978-626-333-487-8(平裝)

1.CST: Java Script(電腦程式語言) 2.CST: 網頁設計

312.32J36　　　　　　　　　　　　112007187

Printed in Taiwan

歡迎團體訂購，另有優惠，請洽服務專線
博 碩 粉 絲 團　(02) 2696-2869 分機 238、519

推薦序

　　D3.js 是一個強大的 JavaScript 函式庫，被廣泛用於創作複雜且吸引人的資料視覺化作品。然而，學習 D3.js 對於新手來說，可能會感到有些困難，我想本書的出現就是為了解決這樣的問題。

　　我接觸 D3.js 已經是六、七年前的事了，那個時候 D3.js 還在 v3 的版本，後來改版至 v4 之後，D3.js 的 API 經過大幅調整，而網路上許多的學習資源與文件卻未能即時跟上版本的變化，這讓新手學習 D3.js 變得更加困難，也不少人因此棄坑。

　　金金透過自己在工作上實際的開發經驗，以及對於 D3.js 的熱情，撰寫了這本書，希望能夠幫助更多的人學習 D3.js。本書從 D3.js 的各種功能介紹，到 SVG 的基礎知識，再到與公開資料平台的 API 串接，透過深入淺出的方式詳盡解釋了這些內容，並且在每一個章節都提供了豐富的範例程式碼，讓讀者能夠更容易地理解。

　　除了 SVG 的基本介紹外，書中花了相當大的篇幅介紹各種互動事件，透過這些事件的操作，不僅能打造出視覺上吸引人的圖表，更能使這些圖表具有互動性，提供網站使用者更深度的理解。

　　除了基本常見的折線圖、柱狀圖之外，後續更搭配各種公開資料平台的 API 串接，讓開發者能夠結合各種公開資訊，創造出更有趣的作品，逐步體驗到 D3.js 的強大。

　　身為金金的同事，同時也（曾經，現在的真愛是 Vue.js）是 D3.js 的愛好者，我很高興看到這本書的出現，也見證了金金在撰寫本書的過程中，對於前端開發的熱情與堅持，以及技術的成長。

　　這本書將會是你的 D3.js 的最佳入門書，也歡迎你從本書開始你的資料視覺化之旅，無論你的背景如何，我相信這本書都會給你帶來深刻的啟發和寶貴的學習經驗。

很高興受邀請為這本書寫下推薦序，這是一本深度和廣度都兼具的 D3.js 專書，將帶領你進入資料視覺化的奇妙世界，因此我毫不猶豫地推薦給正在閱讀此篇序文的你。

讓我們一起進入這個充滿創新與美感的資料視覺化世界，探索未知，發現新的可能。

Vue.js Taiwan 社群主辦人

許國政（Kuro） 謹識

序　言

隨著前端世界的蓬勃發展，色彩絢麗、具備高度互動性的圖表成為網站中不可或缺的一環。若想成為一名優秀的前端開發者，繪製圖表可以說是無法避免的一項技能，而 D3.js 函式庫也因其強大的客製化圖表功能，以及陡峭的學習曲線，成為開發者又愛又恨的圖表開發工具。

D3.js 作為一款發展多年、成熟度高、功能強大的圖表開發函式庫，不僅具備高度自由性、提供豐富的 API，以客製化各種需求，能結合 three.js 等不同函式庫做出酷炫的 3D 的圖表，也有龐大的社群與範例支援，但也因其版本更新快速、擁有許多 API 等因素，讓它的學習門檻相較其他函式庫來得更高。

筆者剛接觸 D3.js 時也遇過各種困難，由於 D3.js 中文相關學習資源多為較舊的版本、客製化功能也零散分布於各個範例中，需要花費更多時間查找資料、修正程式碼、確認官方版本與 API 用法。筆者相信這些問題許多開發者一定會遇到，因此將自己的學習經驗彙整成冊，透過講解 D3.js 的原理、建立圖表方式、常見的 API 用法、實作常見圖表與互動功能等方式，帶領讀者逐步探索資料視覺化的世界。

本書的內容包含：

D3.js 基礎介紹與學前知識

介紹 D3.js 的背景和基本概念，讓讀者了解 D3.js 基礎。接著講解學習 D3.js 前必備的知識與技能，如 SVG、DOM 和 JavaScript 等，協助讀者更快上手 D3.js。

D3.js 核心觀念

深入探討 D3.js 的核心觀念，了解如何選取 DOM 元素、資料綁定、資料更新和資料刪除。透過深入了解這些觀念，讀者可以更好地理解 D3.js 的內部運作方式，並且在實戰中靈活運用。

圖表的組成：比例尺、軸線、圖形建立

探討圖表的基本組成要素，例如：比例尺、軸線和圖形等，並介紹如何使用 D3.js 建立圖表，透過實例演練讓讀者掌握相關技巧。

圖表動畫與互動事件

解說如何使用 D3.js 建立圖表動畫和互動事件，例如：點擊、縮放、拖曳等功能。透過這些技巧，讀者可以製作更加生動有趣的圖表，並且讓使用者更容易理解資料的變化。

常見圖表與互動功能範例

提供常見的圖表範例，例如：折線圖、散佈圖、長條圖等，並且介紹通常與其搭配的互動功能。透過這些範例，讀者可以更加深入了解 D3.js 如何應用，並且在自己的專案中運用這些技巧。

期待這本書能為有志研究圖表的開發者節省時間，少走彎路，體驗到圖表世界的有趣。

最後，本系列能出版成冊實屬不易，筆者在這邊要特別感謝 Kuro 的鼎力支持，給予筆者許多資源與協助，也要感謝 ITHome 評審的評鑑、出版社編輯們的協助，更感謝我的家人與摯友：蔡詠晴、金仙加、金珮昕、方佳文一路相陪，若我今日有任何值得稱許的成就，都將歸功於你們。

金筠婷 謹識

目 錄

01

D3.js基本介紹

D3.js 是一套知名的資料視覺化工具，能夠將複雜的數據
資料透過設定好的函式建立視覺化效果，讓使用者可一目
了然這些數據帶來的意義。

介紹 D3.js 之前，我們得先了解什麼叫「資料視覺化」？顧名思義，「資料視覺化」就是將數據資料以圖形、圖表或地圖等視覺元素來呈現，並說明數據資料帶來的意義。身處於大數據時代之下，對於需要分析大量資訊和制訂資料導向的決策而言，資料視覺化的工具與技術尤為重要。

D3.js 便是一套知名的資料視覺化工具，它的全名是「Data-Driven Document」（資料驅動文件），是以 JavaScript 為基礎開發的資料視覺化程式庫，通常用來繪製圖表。它結合了 HTML、SVG、CSS 的功能，能夠將複雜的數據資料透過設定好的函式建立視覺化效果，甚至能與使用者互動，讓使用者能一目了然這些數據帶來的意義。

1.1　D3.js 的發展簡史

D3.js 是由 Mike Bostock 與史丹佛視覺化團隊於 2011 年開發出來的資料視覺化程式庫。其實，在 D3.js 開發出來之前，同一開發團隊人馬就已經先後開發出各種資料視覺化的套件，包含 Prefuse、Flare 和 Protovis。

最初開發的 Prefuse 與 Flare 套件都需要透過額外的外掛程式，才能將圖表渲染在網頁上，因此團隊人馬在 2009 年便依照前面開發 Prefuse 與 Flare 的經驗，用 Javscript 開發出能以數據資料產生 SVG 圖形的 Protovis 程式庫。兩年後，團隊人馬又依照先前開發 Protovis 的經驗，開發了另一款更注重 Web 標準、提高效能與增加彈性的程式庫：D3.js。

1.2　D3.js 的特色

自從 Mike Bostock 與團隊開發出 D3.js 後，這個資料視覺化的程式庫幾乎稱霸所有繪製圖表的需求，這是因為 D3.js 具備以下幾種特色，能讓使用者更靈活且自由繪製各式的圖表。

🏆 使用 Web 標準

D3.js 沒有另外開發視覺化軟體，而是直接使用 HTML、CSS、SVG、Canvas 等 Web 標準來建構視覺化圖形，這樣的好處是不用依賴任何其他的軟體工具，就可直接在瀏覽器上作業，而且即使未來瀏覽器版本更新，也不會有過時的問題。

🏆 資料綁定與資料驅動 DOM

D3.js 最大的特色就是用數據資料來操作 DOM 元素。使用者能透過它提供的方法將 DOM 元素與資料進行綁定，然後根據資料的增減變化去操作 DOM 元素，更有效地處理資料。

提到操作 DOM 元素，使用過 jQuery 的人應該會有種似曾相似的感覺，不過兩者的差別在於，D3.js 是使用數據資料去操作 DOM 元素，因此可以根據資料的變化來增減 DOM 元素或加上功能；jQuery 則是直接操作 DOM 元素，再替 DOM 元素加上想進行的功能。

另外值得注意的是，雖然 D3.js 主要是搭配 SVG 去建立圖表，但它並不只限於 SVG 繪圖，而是能操作頁面上所有的 DOM 元素，因此當遇到非繪製圖表的需求時，也能以單純操作 DOM 元素的方式進行，彈性很大。

🏆 CSS 選取器

另一點讓大家感到熟悉的是 D3.js 使用 CSS 選取器來選取 DOM 元素，這應該會讓寫過 CSS 的小夥伴們覺得非常親切。CSS 選取器是 CSS 標準之一，用來選取 HTML 或 XML 文件中的元素，並將這些元素加上樣式。它可以被細分成五種不同的類型：

標籤選取器（Type Selector）

使用標籤名稱來選取特定的標籤元素，例如：選取 Document 文件的 <p> 元素。

```
p { color: blue }
```

通用選取器（Universal Selector）

使用星號「*」來選取 Document 文件中的所有元素。

```
* { color: blue }
```

ID 選取器（ID Selector）

使用 DOM 元素的 id 來選取特定元素，ID 選取器在 CSS 樣式中會以「#」符號呈現。

```
// HTML
<div id="title">D3.js 好好玩 </div>
```

```
// CSS
#title { color: blue }
```

類別選取器（Class Selector）

使用 DOM 元素的類別來選取元素，類別選取器在 CSS 樣式中會以「.」符號呈現。

```
// HTML
<div class="title">D3.js 好好玩 </div>
```

```
// CSS
.title { color: blue }
```

屬性選取器（Attribute Selectors）

每個 HTML 標籤元素都會包含不同的屬性，像是 id、class、style 等，都是標籤元素的屬性之一，CSS 也提供使用屬性選取器去選取特定元素的功能。

```
// HTML
<div class="title">D3.js 好好玩 </div>
```

```
// CSS
div[class="title"] { color: blue }
```

　　屬性選取器是一種自由度超高的選取器，可以透過不同的設定選到特定標籤元素，但由於選取器並非本書的重點，所以這裡只介紹基本的選取器用法。

　　上面介紹的都是使用 CSS 選取器為 DOM 元素加上樣式的方法，不過 CSS 選取器能做到的事情遠不止於此。D3.js 便是借用 CSS 選取器的功能，來選定要綁定的 DOM 元素，並加以操作，之後「第 4 章 D3.js 核心概念：選取與綁定」的內容中會有更詳細的介紹。

 鏈式語法

　　D3.js 採用與 jQuery 一樣的鏈式語法（Chain Syntax），能夠在單獨一行程式中連續呼叫同一個物件的不同方法，這樣能讓程式碼變得更簡潔，也能一次處理多項變更。

　　如果我們今天想在 HTML 的 body 上加入一個 p 元素，然後在 p 元素內寫一行字「Hello D3.js」，並且將這行字的樣式設定為紅色。我們來比較一下使用鏈式語法和沒有使用鏈式語法的區別。

　　沒有使用鏈式語法時，程式碼會寫成這樣：

```
const body = d3.select("body");
const p = body.append("p");
p.text("Hello D3.js");
p.style("color", "red");
```

　　使用鏈式語法後，程式碼則可以寫成這樣：

```
d3.select("body")
  .append('p')
  .text("Hello D3.js")
  .style("color", "red");
```

是不是精簡又一目了然呢？不過有一點要特別注意的是，當我們使用鏈式語法時，程式碼的順序很重要。前一個方法回傳的值必須要符合下一個方法的輸入類型，不然鏈式語法就會中斷傳遞或產生預期外的結果。

舉例來說，我們將上面的範例改寫成這樣：

```
d3.select("body")
  .text("Hello D3.js")
  .append('p')
  .style("color", "red");
```

這一行程式碼的意思是在 HTML 的 body 加上文字「Hello D3.js」，接著加一個 <p> 標籤，然後 <p> 內的文字設定是紅色，最後產生出來的 DOM 元素就和上面的範例完全不同了。

由於 D3.js 的方法眾多，如果不知道哪個方法回傳什麼值，API 官方文件[※1]永遠是大家的好夥伴。至於要怎麼查閱官方文件，後續章節會有更清楚的解說。

鏈式語法

提示　雖然鏈式語法能讓我們將程式碼寫成一行，例如：

```
d3.select("body").append('p').text("Hello D3.js")
```

但習慣上我們會將每個方法各自寫一行，如此一來，閱讀上會比較清楚，例如：

```
d3.select("body")
  .append('p')
  .text("Hello D3.js")
```

結合其他程式庫渲染畫面

雖然 D3.js 是使用 SVG 在畫面上渲染圖表，但開發者也可以自行結合其他程式庫，像是使用 pixi.js、three.js 來渲染畫面，打造出 3D 的視覺化圖表；或是當數據

※1　D3.js API 官方文件：https://github.com/d3/d3/blob/main/API.md。

資料龐大時，改用 Canvas 去渲染畫面，來解決瀏覽器需要處理幾百個 DOM 元素的問題，大幅提升效能。

30 種 API 分別處理不同功能

D3.js 提供非常多 API 協助繪製圖表，這些 API 被分成 30 種類[2]，分別用來協助進行資料處理、繪製圖形、制定樣式等。

• Arrays 陣列操作相關	• Delimiter-Separated Values DSV/CSV/TSV 文檔處理	• Quadtrees 四元樹運算處理
• Axes 刻度軸線		• Random Numbers 隨機亂數
• Brushes 區間範圍選取 (刷子)	• Easings 漸變動畫相關	• Scales 比例尺
• Chords 弦圖繪製	• Fetches Fetch API 操作	• Selections 選取與繫結
• Colors 色彩處理	• Forces 原力圖繪製	• Shapes 圖型基礎
• Color Schemes 色彩調色盤	• Number Formats 數字處理	• Time Formats 時間格式處理
• Contours 等高線繪製	• Geographies 地圖繪製	• Time Intervals 時間間格處理
• Voronoi Diagrams 沃羅諾伊圖	• Hierarchies 階層圖繪製	• Timers 計時器
• Dispatches 事件派發相關	• Interpolators 插補值處理	• Transitions 轉場動畫漸變
• Dragging 滑鼠拖曳功能	• Paths 路徑處理	• Zooming 平移與縮放
	• Polygons 多邊形幾何運算	

圖 1-1　D3.js 的 30 種 API

由於 API 繁多，再加上 D3.js 更新快速，不少新出的網路教學文章半年就過時了，這也加深了許多初學者的學習難度。

什麼是 API？

說明　剛入門的程式小白通常會對 API 感到疑惑，它的全名是「Application Programming Interface」，翻譯為「應用程式介面」。看到這裡，是不是覺得有看沒有懂？其實 API 白話解說就是「別人寫好的方法」，我們平常使用的 methods、properties、events、甚至是網址（URLs）都是 API。我們可以透過別人寫好的 API 去使用函式庫裡面的方法，而不用了解這些方法是怎麼運作的。

舉例來說，如果我們使用 D3.js 處理陣列的 API：d3.reverse() 來翻轉陣列順序，我們只需要查看文件，知道 d3.reverse() 要帶入什麼資料以及會回傳什麼資料，但不需要知道這個 API 實際是如何改變陣列順序。

※2　D3.js API 官方文件：https://github.com/d3/d3/blob/main/API.md。

另外，前端工程師常聽到的「串接後端 API」，其實就是使用後端工程師開發的 API 來取得他們提供的資料，而不需要去了解後端工程師如何處理資料。

> # d3.**reverse**(*iterable*) · Source
>
> Returns an array containing the values in the given *iterable* in reverse order. Equivalent to *array*.reverse, except that it does not mutate the given *iterable*:
>
> ```
> d3.reverse(new Set([0, 2, 3, 1])) // [1, 3, 2, 0]
> ```

圖 1-2　**d3.reverse API**

1.3　D3.js 能做什麼？

D3.js 最常被運用在線上新聞網站，用來呈現數據資料的圖表和含有地理資訊的資料。像是這幾年爆發的 Covid-19 疫情，防疫中心就大量運用圖表來說明防疫情況，各大新聞平台也使用圖表協助讀者更簡單理解疫情數據。

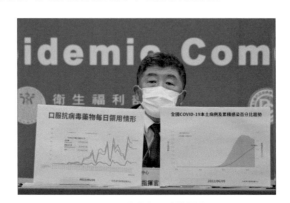

圖 1-3　**防疫中心疫情圖表**

※ 圖片來源：聯合新聞網（https://udn.com/news/story/6656/6375813）

除了用蒐集的數據繪製圖表之外，有些網站也會使用 D3.js 搭配其他函式庫，來打造酷炫的動畫效果。以下推薦幾個筆者覺得酷炫、互動性佳又能清晰傳達意思的網站。

用數據看台灣

　　這是筆者非常喜歡的網站。它運用台灣政府的公開資料，以圖表的方式展現目前國家的各種現狀。前陣子限電、缺水時，這裡的「台灣即時用電圖表」、「水庫即時水情圖表」也在社群火紅了一陣子。筆者覺得這個才是使用圖表的真諦，能清楚地將複雜、普通凡人不會去看、但卻又和我們生活息息相關的數據，用圖表簡單明瞭地呈現給大家。

圖 1-4　　**用數據看台灣網站介紹**

※ 圖片來源：用數據看台灣（taiwanstat.com）

women will

　　討論性別平等議題的網站，網站的整個背景都使用不同顏色的點點組成，巧妙運用動態與顏色傳達性別平等議題，而且點點還能夠與使用者的滑鼠互動，讓人覺得有趣又新奇。

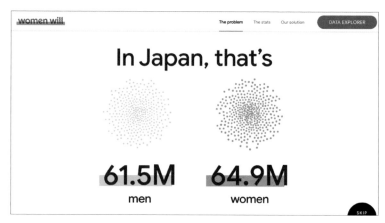

圖 1-5　women will 網站圖表

※ 圖片來源：women will (https://dataexplorer.womenwill.com/intl/en/thedivide/)

 SMASHDELTA

　　介紹澳洲雪梨的網站，整個網站運用捲軸滾動來逐步呈現圖表資料，滑鼠滑過地圖時，還能突顯滑鼠指定的區域與數據資料，非常有趣。

圖 1-6　SMASHDELTA 網站圖表

※ 圖片來源：SMASHDELTA (https://smartcities.smashdelta.com/)

1.4 D3.js 的優缺點

 D3.js 的優點

每一套工具總是有它的優點，才會讓人願意使用，D3.js 的優點在於：

自由度高，支援各種客製化圖表

D3.js 將不同的功能拆分成 30 種 API，使用者能根據想實踐的功能來使用不同的方法，建立高度客製化的圖表，這是目前許多圖表工具做不到的地方。

更精確的使用者互動效果

由於 D3.js 的圖形渲染使用 SVG 實現，而 SVG 也是 DOM 元素之一，因此能包含許多 DOM 元素內建的互動效果，例如：hover、mouseover 等，可以製作出更精確的互動性圖表。

 D3.js 的缺點

但除了優點之外，D3.js 也有一些缺點令人望之卻步：

學習門檻高

D3.js 內建 30 種不同類型的 API，每一種類又包含更多不同的方法，因此要熟悉各項 API 的使用並不容易；再加上 D3.js 的版本更新快速，才剛熟悉這一版的 API，沒多久又更新了，很容易令初學者沮喪。另外，由於 D3.js 使用 Web 標準去建構程式庫，因此初學者還必須先具備 DOM API、CSS 選擇器、Javascript、SVG 的基礎知識，才能順利使用 D3.js 繪製圖表。

使用 SVG 容易造成 DOM 渲染的效能瓶頸

由於 D3.js 基本上是使用 SVG 來渲染圖表，但如果遇到資料龐大的情況，大量的 SVG 可能造成 DOM 渲染的效能瓶頸（太多 DOM 元素在畫面上）。

> 解決方式是將畫面渲染改成 Canvas 等其他方式呈現。目前許多圖表套件也已經改用
> Canvas 處理，就是想避開效能的問題。
提示

版本迭代快，新版的資源少

D3.js 在中文方面的書籍文章資源相對稀少，網路上也大多是零散的片段和文章，
少有完整且具脈絡性的教學。此外，由於 D3.js 的版本更新快速，文章與書籍的速
度往往跟不上版本變化，很多初學者查找資料時，複製貼上別人寫的程式碼卻還是
跑不動，最後一查才發現是版本不同造成的問題，這點對於想要跨入此領域的初學
者實在是一大門檻。

1.5　為何要選擇 D3.js？

雖然 D3.js 並不容易學習，但筆者還是很推薦大家學習它。一旦了解它之後，會發
現它真的是功能強大的工具。它內建許多 API 來處理數據資料視覺化的複雜過程，
大幅降低用 Jacascript 操作數據的難度，另外再搭配上操作 DOM 元素，並以 SVG
繪製各種點線面的圖形，能建立許多複雜的圖表。

此外，D3.js 還能結合其他函式庫打造出不一樣的畫面，這樣的高度自由性讓其他
函式庫無法與之比擬。最後，最重要的一點是當你使用 D3.js 畫出超炫圖表的時候，
成就感直接爆棚。

1.6　本書目標與內容

本書之所以誕生，起因是筆者初接觸 D3.js 時，也經歷過和許多人一樣的困境、
踩了不少坑，為了讓之後的學習者免去筆者遇過的困境，同時也作為學習紀錄，讓
未來的自己需要時也能快速查找，因此決定將學習 D3.js 的過程寫成系統化的文章。
同時，筆者也希望本書能達成以下的目標：

讓使用者能有系統的學習 D3.js

本書按照章節撰寫學習 D3.js 之前需要具備的相關知識、讀懂官方文件、了解 D3.js 核心概念，再到繪製圖表、將圖表加上動畫或互動效果等，希望能透過階段性且有系統的文章，讓讀者能一步步學會 D3.js，而不用再透過網路上零散的資源拼湊學習。

看懂 D3.js 官方文件

由於 D3.js 更新快速，筆者希望能帶領讀者看懂官方文件，培養自行查找 API 內容的能力，如此一來，就不用擔心版本變化快速、不知哪裡出錯的問題。

涵蓋大部分常見圖表範例

本書包含一般常見圖表，如折線圖、長條圖、圓餅圖，以及一些進階的圖表，如堆疊長條圖、氣泡圖，希望能最大程度的涵蓋讀者需要的圖表種類。也許部分讀者目前只需要學會幾種圖表，但在未來需要繪製其他圖表時，便能將此書當成工具書來查找。

示範圖表動畫和互動功能

本書於不同種類的圖表上搭配不同動畫或互動效果，讓讀者能依此參考。

1.7 範例程式碼和 Github Page 範例網站

本書中撰寫的程式碼均放在 Github 開源平台上，另外也提供 Github Page 網頁示範，讓讀者可以直接看到完成的圖表和動畫。有興趣的讀者可以輸入以下連結或掃描 QR Code 開啓網站。

- **Github 連結**：[URL] https://github.com/vezona/D3.js_vanillaJS_book
- **Github Page**：[URL] https://vezona.github.io/D3.js_vanillaJS_book/

圖 1-7　Github QR Code　　圖 1-8　Github Page QR Code

02

學習D3.js前
必備的SVG知識

SVG 的全名為「Scale Vector Graphics」（可縮放向量圖形），是一種以 XML 文字檔來建立 2D 的向量圖形，因此開發者可以直接在 HTML 檔案中使用 SVG，而且它也支援動畫和互動的操作。

SVG 圖形可以用以下幾種不同形式呈現：

- **獨立的文件**：這種方式比較少見，通常是設計師製作 svg 圖檔時所用。
- **包在 HTML 檔案中**：這是最常見的方式，程式碼為 <svg> </svg>。
- **當作圖片來源引入**：程式碼為 <img src="smile.svg">。

D3.js 使用的就是第二種形式，在 HTML 檔案中使用 SVG 標籤。先宣告 SVG 的空間範圍，然後在這個範圍內放入要繪製的圖形元素標籤，以及它的位置、顏色等相關資訊。

```
<svg width="500" height="500">
   這邊放入要繪製的圖形元素標籤…
</svg>
```

2.1　SVG 的基礎觀念

了解 SVG 之後，接著來看 SVG 的一些基本概念：

1. SVG 是基於 XML 文字檔格式，產生 DOM 樹（不像 Canvas 是平面畫布）。

2. SVG 定義了一系列圖形元素，像是圓形、矩形等基本形狀、文字、直線、曲線等，然後再透過外觀屬性去改變這些形狀的尺寸、位置、顏色。例如：SVG 定義 <rect> 矩形元素，再透過外觀屬性 x 及 y 去控制圖形位置、width 及 height 控制圖形大小、style 控制邊框、顏色。

```
<svg width="500", height="200"
     style="border:1px solid rgb(96, 96, 96)">
  <rect x="40" y="40" width="300" height="100"
     style="fill:rgb(248, 204, 61); stroke-width:3;
     stroke:rgb(0,0,0)" />
</svg>
```

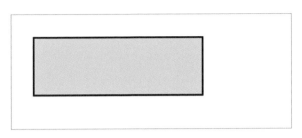

圖 2-1　**SVG 矩形**

3. 除了形狀之外，SVG 也有許多結構元素，例如：<svg>、<g>、<use>。大家在看別人的 SVG 程式碼時，應該蠻常看到圖 2-2 這個元素，它就是其中一種 SVG 的結構元素。

```
  ▶<a href="#" class="closeHandler">…</a>
  ▼<svg class="svg-graph-hot" width="960" height="310">
    ▼<g transform="translate(40,70)"> == $0
      ▶<g class="x axis" transform="translate(0,200)">…</g>
      ▶<g class="y axis">…</g>
      ▶<g>…</g>
        <text dx="-35" dy="-30" font-size="15px" fill="#666">單價 / 萬
        </text>
      </g>
      <rect class="rect" x="69" y="115.03174603174602" width="30" height=
      3.96825396825398" fill="#ffcc33"></rect>
      <rect class="rect" x="161" y="121.38095238095238" width="30" height=
      47.61904761904762" fill="#ffcc33"></rect>
      <rect class="rect" x="253" y="102.33333333333331" width="30" height=
      66.66666666666669" fill="#ffcc33"></rect>
      <rect class="rect" x="345" y="111.85714285714286" width="30" height=
      57.14285714285714" fill="#ccc"></rect>
      <rect class="rect" x="437" y="172.17460317460316" width="30" height=
```
… ody.ng-scope section.m-graphs-wrap div.m-wrapper.m-graph-hot svg.svg-graph-hot g

圖 2-2　**SVG 結構元素**

看到這邊你可能會想問：「什麼是結構元素」？結構元素是一種容器元素，它不會繪製形狀，而是用來包裹多個子元素。將旗下的子元素包成一大包的共同元素後，就能統一去改變位置、形狀或顏色等。

我們可以簡單整理一下結構元素的特點：

- 套用到結構元素上的屬性（移動、換色），會同步套用到子項目。
- 沒有形狀，負責組裝複雜圖形物件成為共同集合，並可一次移動和操作這個圖形集合。

4. 和一般的 HTML 撰寫一樣，SVG 也是按照文件的順序進行渲染，所以後渲染的元素會蓋掉先渲染的元素。

5. SVG 使用的是圖形座標，因此原點在左上角，繪製順序由上而下、從左至右。

6. SVG 能接收 DOM 事件並回應，與使用者進行互動。

7. SVG 圖形原則上是無限大，width / height 只是定義可視範圍（viewport）。這點很重要，正因為 SVG 圖形原則上是無限大，所以如果圖案超過 SVG 的可視範圍，圖案一樣存在，只是我們看不到而已，不可能所有數據都剛好符合我們設定的視窗比例，這也正是需要定義比例尺的原因。透過 SVG 視窗大小和數據的比例來設定比例尺，才能將繪製好的圖表完整放在 SVG 視窗內。

圖 2-3　**SVG 可視範圍**

看完這些之後，相信大家對 SVG 已經有概念了，接著來看看 SVG 定義的一些形狀、線條、路徑，以及它們的屬性吧！

2.2　SVG 形狀

SVG 已經先定義好一些形狀，並賦予相對應的標籤。只要使用這些標籤，並增加固定的屬性，就可以畫出一些基本的形狀，以下介紹常用的 SVG 形狀。

 矩形：`<rect>`

矩形是 SVG 最常用的基本形狀之一，在圖表中多用來繪製長條圖。矩形常用的屬性包含：

屬性	必須設定	說明
x	✓	設定矩形左上角 X 軸的起始座標。
y	✓	設定矩形左上角 Y 軸的起始座標。
width	✓	設定矩形寬度。
height	✓	設定矩形高度。
rx	✗	設定水平邊角半徑（即圓角）。
ry	✗	設定垂直邊角半徑（即圓角）。

知道有哪些屬性後，就可以來寫一個矩形了。

```
<svg width="500", height="200"
    style="border:1px solid rgb(96, 96, 96)">
  <rect x="40" y="40" width="300" height="100"
    style="fill:rgb(248, 204, 61); stroke-width:3;
    stroke:rgb(0,0,0)" />
</svg>
```

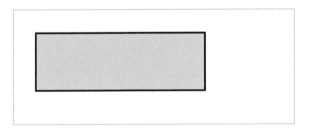

圖 2-4　SVG 矩形

 圓形：<circle>

圓形在圖表中通常用來繪製圓餅圖，但也可以用來畫氣泡圖或其他圓形標示。想繪製一個圓形，需要設定的屬性很簡單，只要確定中心點座標和半徑即可：

屬性	必須設定	說明
cx	✓	設定中心點的水平 X 軸座標。
cy	✓	設定中心點的垂直 Y 軸座標。
r	✓	設定圓形半徑。

　　有最基礎的這三個屬性，就可以繪製一個圓了。除此之外，也可以再加上其他樣式屬性來設定圓形的顏色、邊框粗細等：

```
<svg width="500", height="200"
    style="border:1px solid rgb(96, 96, 96)">
  <circle cx="250" cy="100" r="60"
    stroke="black" stroke-width="3"
    fill="rgb(248, 117, 61)" />
</svg>
```

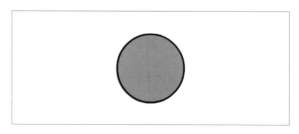

圖 2-5　SVG 圓形

橢圓形：<ellipse>

　　橢圓形通常用於繪製統計相關的圖表中，它的屬性和圓形很相近：

屬性	必須設定	說明
cx	✓	設定中心點的水平 X 軸座標。
cy	✓	設定中心點的垂直 Y 軸座標。
rx	✓	設定水平的 X 軸半徑。
ry	✓	設定垂直的 Y 軸半徑。

```
<svg width="500", height="200"
     style="border:1px solid rgb(96, 96, 96)">
  <ellipse cx="250" cy="100" rx="150" ry="40"
     stroke="black" stroke-width="3"
     fill="rgb(248, 204, 61)"/>
</svg>
```

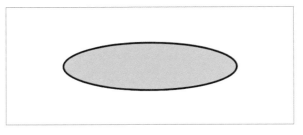

圖 2-6　SVG 橢圓形

2.3 SVG 線條

 線條：<line>

線條在圖表中通常用來繪製 X、Y 軸線，它的屬性包含：

屬性	必須設定	說明
x1	✓	設定線條起始點的 X 軸座標位置。
y1	✓	設定線條起始點的 Y 軸座標位置。
x2	✓	設定線條結束點的 X 軸座標位置。
y2	✓	設定線條結束點的 Y 軸座標位置。

```
<svg width="500", height="200"
     style="border:1px solid rgb(96, 96, 96)">
  <line x1="20" y1="80" x2="480" y2="150"
```

```
        style="stroke:rgb(248, 117, 61); stroke-width:6" />
</svg>
```

圖 2-7　**SVG 線條**

折線：<polyline>

　折線通常都用來繪製折線圖，它的屬性非常簡單只有一個，就是每個連接點的 X、Y 座標。

屬性	必須設定	說明
points	✓	表示每個連接點的 X、Y 座標。

　值得留意的是每一個連接點的 X、Y 座標會用「逗號」分隔，不同組的座標則是用「空格」分隔：

```
<svg width="500", height="200"
     style="border:1px solid rgb(96, 96, 96)">
  <polyline
     points="20,50 40,25 60,40 160,120 420,140 460,180 "
     style="fill: none; stroke: rgb(248, 204, 61);
          stroke-width: 6"/>
</svg>
```

圖 2-8　**SVG 折線**

 多邊形：**<polygon>**

　　多邊形最常用在繪製雷達圖、能力分析圖，相信很多人做能力分析測驗時，都有看過這種圖表。多邊形的屬性和折線一樣，只是多邊形會產生頭尾線段閉合的區域，並且可以選擇是否要填滿區塊顏色。

屬性	必須設定	說明
points	✓	表示每個連接點的 X、Y 座標。
fill	✗	填滿區塊顏色。

```
<svg width="500", height="200"
    style="border:1px solid rgb(96, 96, 96)">
  <polygon
    points="200,10 260,30 320,90 280,190 160,180 120,100"
    style="fill: rgb(248, 117, 61); stroke: black;
        stroke-width: 3"/>
</svg>
```

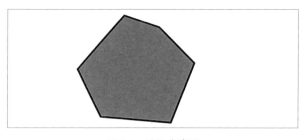

圖 2-9　**SVG 多邊形**

2.4 SVG 路徑、文字

除了基本的形狀元素之外，SVG 也有另外兩個很常用的標籤元素：「路徑」和「文字」。

 路徑：<path>

<path> 元素是 SVG 用來定義形狀的通用元素，它可以透過命令語言繪製任何形狀。它只有一個 d 屬性，而屬性值則是由「空白間隔的命令」+「座標字串」組合而成。

屬性	必須設定	說明
d	✓	設定路徑。

所有的「空白間隔的命令」都是一個英文字元指令，並具備兩種形式：

● **大寫字母**：表示跟隨在後方的座標是絕對座標。

● **小寫字母**：表示跟隨在後方的座標是相對座標。

通常在一開始繪製路徑時，會先以 M 命令移動到一個明確的位置再開始繪製。至於座標的部分，在 <path> 中的座標無須設定單位，並且可以是負值。

以下列出幾個常見的命令英文代號，但由於繪製路徑很複雜，一般我們不會自己算座標去畫圖，而是使用一些輔助工具（例如：Adobe illustrator）畫好圖片後存成 SVG 檔，而 D3.js 也提供函式去產生相對應的路徑。

命令英文代號	說明
M, m	移動至特定位置（不會繪製線條）。
L, l	畫一條直線到某處。
H, h	水平線。
V, v	垂直線。
Z, z	把目前座標的點和第一點連起來，並形成封閉路徑。

命令英文代號	說明
C, c	立方貝茲曲線。
S, s	從多個控制點畫立方貝茲曲線。
Q, q	畫貝茲曲線。
T, t	從多個控制點畫貝茲曲線。
A, a	從目前的位置畫橢圓曲線。

路徑的用途很廣泛，可以繪製圓弧路徑，也可以設定是否填滿路徑間的區塊：

```
<svg width="500", height="200"
      style="border:1px solid rgb(96, 96, 96)">
  <path
      d="M50 30 C80 90,40 200,400,100"
      stroke="rgb(248, 117, 61)"
      fill="rgb(248, 204, 61)"
      stroke-width="10"
  />
</svg>
```

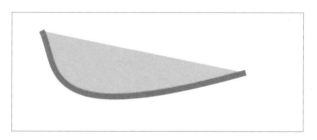

圖 2-10 **SVG 路徑**

還可以透過不同路徑畫出有趣的圖：

```
<svg width="500", height="200"
      style="border:1px solid rgb(96, 96, 96)" class="mt-5">
  <path
      d="M225,35 L225,80 M315,35 L315,80 M400,90 C260,200 260,200 140,100"
      stroke="rgb(248, 117, 61)"
```

```
    fill="none"
    stroke-width="8"
  />
</svg>
```

圖 2-11　**SVG 路徑笑臉**

文字：`<text>`

文字元素在繪製圖表中很常見，通常用在設定圖標、圖說，它還可以與 D3.js 搭配來製作文字雲。文字元素的屬性包含：

屬性	必須設定	說明
x、y	✗	設定文字的座標。
dx	✗	以 X 座標為基準，平行移動文字距離（正為往右，負為往左）。
dy	✗	以 Y 座標為基準，垂直移動文字距離（正為往上，負為往下）。
textLength	✗	設定此段文字的長度，與 lengthAdjust 搭配運作。
lengthAdjust	✗	調整此段文字長度。
text-anchor	✗	設定文字開始繪製位置：靠左、置中、靠右對齊。
rotate	✗	設定每個文字的旋轉角度，若是要整組文字一起旋轉，可以使用 transform="rotate( )"。

特別的是，上述屬性的屬性值還可以針對單一字元進行設定：

```
<svg width="500", height="200"
     style="border:1px solid rgb(96, 96, 96)">
  <text x="50,100,180,240,360,430,480"
```

```
    y="80,140,40,180,160,80"
    fill="rgb(248, 117, 61)" text-anchor="start"
    font-size="2em">
        SVG 真有趣
    </text>
</svg>
```

圖 2-12　程式碼 - SVG 文字

2.5 SVG 常用的表現屬性與轉換屬性

　　看完上述 SVG 定義的圖形後，會發現這些標籤元素還跟著許多的樣式屬性設定，用來表現形狀的大小、顏色、粗細等。透過這些樣式屬性，才能設定形狀的樣式、色彩、動畫等。以下就來介紹一些常見的表現屬性：

常用表現屬性	說明
stroke	設定圖形的邊框顏色。
stroke-width	設定圖形的邊框粗細。
fill	設定圖形內部是否填滿顏色。
font-size	設定文字尺寸。
opacity	設定圖形的透明度。
visibility	設定圖形是否可視。

　　除了表現屬性可以控制圖形樣式之外，還可以使用一些轉換屬性來控制圖形的旋轉角度、動作等。常用的轉換屬性包含：

常用轉換屬性	說明
rotate	設定圖形旋轉。
transform	設定圖形變形，其屬性值包含 rotate、translate、skewX、scale 等數值。

　　使用圖 2-9 的多邊形範例來看一下這些屬性要如何應用。首先使用 transform 來設定圖形變形，並且用 rotate、translate、skewX 與 scale 等屬性來改變圖形的位置與大小：

```
<svg width="500", height="200"
     style="border:1px solid rgb(96, 96, 96)">
  <polygon points="200,10 250,190 160,180"
     style="fill:rgb(248, 204, 61);
            stroke:rgb(248, 117, 61); stroke-width: 3"
     transform="rotate(-10 50 100) translate(-36 45.5)
            skewX(60) scale(1 0.6)" />
</svg>
```

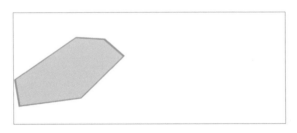

圖 2-13　**SVG 屬性樣式**

　　以上就是 SVG 最基礎的概念，對 SVG 有基本的了解後，才能開始使用 D3.js 繪製圖表。

提示　　上述內容介紹的是常用的 SVG 屬性，若想更深入了解 SVG，可以參考「W3C 的 SVG 教學」（ https://www.w3schools.com/graphics/svg_intro.asp ），裡面對於每個 SVG 的圖形和樣式均有完整説明。

若想查看完整的 SVG 屬性列表，則可以善加利用 MDN 的「SVG Attribute reference」（ https://developer.mozilla.org/zh-TW/docs/Web/SVG/Attribute ）頁面來查找。

03

從看懂文件開始

看懂任何函式庫的文件，都是學習此函式庫很重要的一
環。由於 D3.js 的 API 繁多，並且版本更新快速，學會如
何查找官方文件尤為重要。

3.1 D3.js 官方文件介紹

點開 D3.js 的官方網站[※1]，一進入就會看到大大的標題，以及下方用程式寫出來的圖表集合。

圖 3-1　D3.js 官方網站

往下滑可以看到 D3.js 的介紹，這裡會寫目前 D3.js 最新的版本，以及要如何安裝到自己的程式碼中。

D3.js is a JavaScript library for manipulating documents based on data. **D3** help bring data life using HTML, SVG, and CSS. D3's emphasis on web standards gives you the f abilities modern browsers without tying yourself to a proprietary framework, combining powerf aliza components and a data-driven approach to DOM manipulation.

Download the latest version (7.6.1) here:

- d3-7.6.1.tgz

To link directly to the latest release, copy this snippet:

```
<script src="https://d3js.org/d3.v7.min.js"></script>
```

The full source and tests are also available for download on GitHub.

圖 3-2　D3.js 官方網站 Overview 介紹

※1　D3.js 官方網站：https://d3js.org/。

我們可以看到官方文件的左上角有五個連結，分別是 Overview、Examples、Documentation、API、Source。

- **Overview**：就是我們目前所在的這個頁面。
- **Examples**：會連到 D3.js 的官方範例網站。
- **Documentation**：會連到 Github 的官方文件。
- **API**：會連到 Github 上的 API 列表。
- **Source**：Github 中的 D3.js 原始碼。

「Examples」和「API」頁面是筆者最常查找的兩個頁面，至於「Source」頁面可以留給已經學會 D3.js，並想要更進一步了解函式庫開發細節的小夥伴們參考。

圖 3-3　**D3.js 官方網站的左上角連結**

3.2　D3.js 官方圖表示範網站

 observablehq

D3.js 開發團隊使用「observablehq」[2] 網站來收納圖表範例，這個網站好用的地方在於它不僅能呈現圖表與程式碼，使用者還能直接在畫面上修改圖表的程式碼，以測試自己想要的效果，非常實用。

※2　observablehq 網站：https://observablehq.com/。

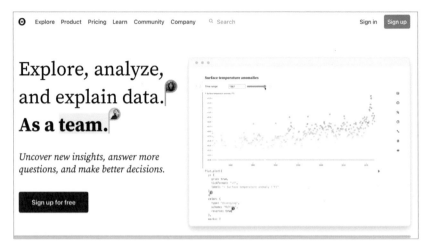

圖 3-4　observablehq 官方網站

　　進入圖表範例庫後，可以看到開發團隊將各種圖表與功能分門別類，並附上圖片讓使用者更容易查找。

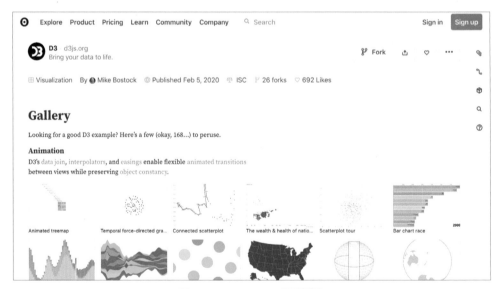

圖 3-5　observablehq 圖表列表

　　筆者時常進入這個圖表庫查找想要的效果，並看看別人的圖表加了哪些功能，但要注意的是有些圖表使用的 D3.js 版本較舊，如果直接複製貼上程式碼，很可能會跑不動。

The D3.js Graph Gallery

開發團隊也有另一個範例圖表網站：「The D3.js Graph Gallery」[3]，這個網站內的圖表範例比較少，主要是常見的圖表與動畫效果，適合初學者參考。

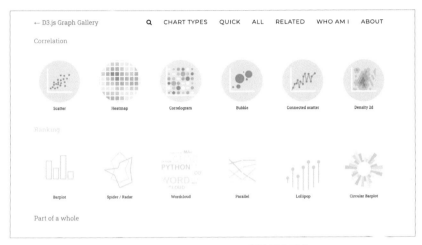

圖 3-6　**D3.js Graph Gallery 常見圖表列表**

D3.js 的開發團隊持續維護這個網站，並陸續將較舊的版本改寫爲新版，像是折線圖的範例就有 v4 和 v6 兩種版本，可以切換選擇要看哪個版本的程式碼。

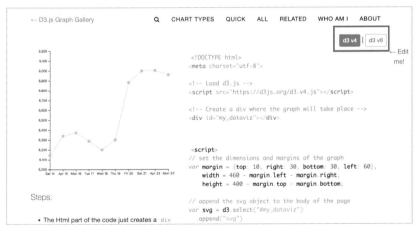

圖 3-7　**D3.js Graph Gallery 範例圖表版本切換**

※3　The D3.js Graph Gallery 網站：https://d3-graph-gallery.com/。

更有趣的是，下方的程式碼也是能編輯，並即時呈現在左方圖表上。使用者可以按照喜好，先在畫面上改寫程式碼，預覽一下圖表的呈現效果。

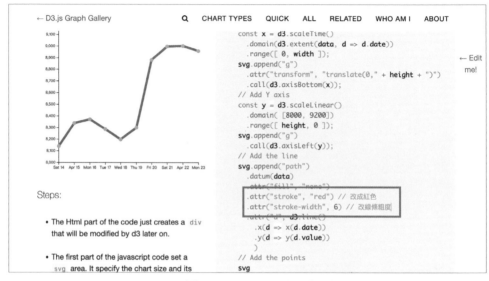

圖 3-8　**編輯 graph-gallery 範例圖表程式碼**

不過，目前該網站更新不同版本程式碼的速度比較緩慢，只有較常見的圖表有更新版本，其他就要等待開發團隊處理。

3.3　D3.js 的 30 種 API 介紹

接著來看看最重要的 API 規格文件，前面有提到 D3.js 的 API 共分為以下 30 種。

- Arrays 陣列操作相關
- Axes 刻度軸線
- Brushes 區間範圍選取 (刷子)
- Chords 弦圖繪製
- Colors 色彩處理
- Color Schemes 色彩調色盤
- Contours 等高線繪製
- Voronoi Diagrams 沃羅諾伊圖
- Dispatches 事件派發相關
- Dragging 滑鼠拖曳功能

- Delimiter-Separated Values DSV/CSV/TSV 文檔處理
- Easings 漸變動畫相關
- Fetches Fetch API 操作
- Forces 原力圖繪製
- Number Formats 數字處理
- Geographies 地圖繪製
- Hierarchies 階層圖繪製
- Interpolators 插補值處理
- Paths 路徑處理
- Polygons 多邊形幾何運算

- Quadtrees 四元樹運算處理
- Random Numbers 隨機亂數
- Scales 比例尺
- Selections 選取與繫結
- Shapes 圖型基礎
- Time Formats 時間格式處理
- Time Intervals 時間格間處理
- Timers 計時器
- Transitions 轉場動畫漸變
- Zooming 平移與縮放

圖 3-9　D3.js 的 30 種 API

　　這 30 種其實只是 API 的大項分類，點進任一項分類，都可以看到裡面包含許多 API。以 Arrays 分類為例，可以看到「Arrays」大項其實還分成七小項：

- Statistics[4]
- Search[5]
- Iterables[6]
- Sets[7]
- Transformations[8]
- Histograms[9]
- Interning[10]

　　點開「Statistics」小項，會看到它包含許多 API，每一支 API 後面都會敘述其功能，以供讀者了解該 API 的用途。

※4　Statistics 項目：https://github.com/d3/d3/blob/main/API.md#statistics。

※5　Search 項目：https://github.com/d3/d3/blob/main/API.md#search。

※6　Iterables 項目：https://github.com/d3/d3/blob/main/API.md#iterables。

※7　Sets 項目：https://github.com/d3/d3/blob/main/API.md#sets。

※8　Transformations 項目：https://github.com/d3/d3/blob/main/API.md#transformations。

※9　Histograms 項目：https://github.com/d3/d3/blob/main/API.md#histograms。

※10 Interning 項目：https://github.com/d3/d3/blob/main/API.md#interning。

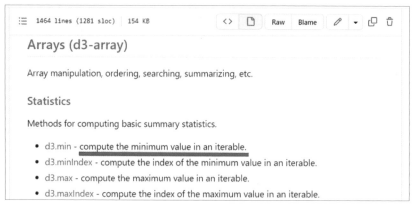

圖 3-10　**API 功能描述**

　　了解 API 的用途後，我們還需要知道 API 該怎麼用、要輸入什麼值、會回傳什麼值，因此我們直接點該支 API 來看它的敘述。以 d3.min() 為例，點開連結後，我們會先看到對於 Arrays 這個大項的介紹。

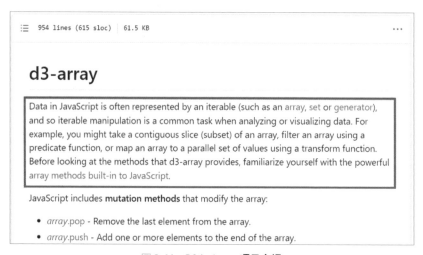

圖 3-11　**D3.js Array 項目介紹**

　　持續往下滑，找到 d3.min() 的部分，這邊會直接列出這支 API 需要帶入什麼參數。首先，d3.min() 必須帶入一個 iterable（可迭代物件，例如：Array、Set、Map、String），接著可以選擇性帶入 accessor 參數。

Statistics

Methods for computing basic summary statistics.

d3.**min**(*iterable*[, *accessor*]) · Source, Examples

Returns the minimum value in the given *iterable* using natural order. If the iterable contains no comparable values, returns undefined. An optional *accessor* function may be specified, which is equivalent to calling Array.from before computing the minimum value.

Unlike the built-in Math.min, this method ignores undefined, null and NaN values; this is useful for ignoring missing data. In addition, elements are compared using natural order rather than numeric order. For example, the minimum of the strings ["20", "3"] is "20", while the minimum of the numbers [20, 3] is 3.

圖 3-12　d3.min 使用的參數

注意　　參數如果用方括號包起來，表示該參數可以選擇性帶入，並非必要參數。

　　然後下方的敘述會詳細講解 d3.min() 會回傳什麼值，以及有沒有使用上需要額外注意的地方。

≡　954 lines (615 sloc)　61.5 KB　　　　　　　　　···

Statistics

Methods for computing basic summary statistics.

d3.**min**(*iterable*[, *accessor*]) · Source, Examples

Returns the minimum value in the given *iterable* using natural order. If the iterable contains no comparable values, returns undefined. An optional *accessor* function may be specified, which is equivalent to calling Array.from before computing the minimum value.

Unlike the built-in Math.min, this method ignores undefined, null and NaN values; this is useful for ignoring missing data. In addition, elements are compared using natural order rather than numeric order. For example, the minimum of the strings ["20", "3"] is "20", while the minimum of the numbers [20, 3] is 3.

圖 3-13　d3.min()API 規格描述

　　如此一來，就能清楚知道該怎麼使用 d3.min() 這個 API 了。另外，如果想看 d3.min() 的原始碼或使用範例，也可以點擊 d3.min() 後面的「Sorce」或「Example」連結。

```
≡  954 lines (615 sloc)  61.5 KB                    ...
```

Statistics

Methods for computing basic summary statistics.

d3.min(*iterable*[, *accessor*]) · Source, Examples

Returns the minimum value in the given *iterable* using natural order. If the iterable contains no comparable values, returns undefined. An optional *accessor* function may be specified, which is equivalent to calling Array.from before computing the minimum value.

Unlike the built-in Math.min, this method ignores undefined, null and NaN values; this is useful for ignoring missing data. In addition, elements are compared using natural order rather than numeric order. For example, the minimum of the strings ["20", "3"] is "20", while the minimum of the numbers [20, 3] is 3.

圖 3-14　**d3.min 原始碼與範例連結**

　　其實，官方文件提供了許多必要的資訊，筆者建議想透徹學習 D3.js 的人多加運用。雖然 D3.js 的文件都是英文，對有些人來說閱讀上可能比較困擾，但也不用太擔憂，官方文件的 API 敘述基本上都不長，配合上 Google 翻譯來閱讀，就能減輕不少負擔。

3.4　D3.js 安裝起步走

　　想使用 D3.js 函式庫之前，要先將函式庫載入自己的程式碼中。D3.js 提供了以下幾種不同的安裝方式，讀者可以自行選擇想要的方式安裝。

 載入程式安裝包

　　D3.js 官網提供最新版本的函式庫檔案，可到官網頁面把檔案載入自己的程式碼中。

Like visualization and creative coding? Try interactive JavaScript notebooks in **Observable!**

D3.js is a JavaScript library for manipulating documents based on data. **D3** helps you bring data to life using HTML, SVG, and CSS. D3's emphasis on web standards gives you the full capabilities of modern browsers without tying yourself to a proprietary framework, combining powerful visualization components and a data-driven approach to DOM manipulation.

Download the latest version (7.8.2) here:

- d3-7.8.2.tgz

圖 3-15　下載 D3.js 函式庫

 CDN 安裝

這應該算是最簡單的安裝方式，只要使用 D3.js 提供的 CDN 連結，將連結加入自己的程式碼 <script> 中，就能把函式庫載入自己的程式碼中。

```
<script src="https://d3js.org/d3.v7.min.js"></script>
```

這樣就行了，不過這個方法比較適合以原生 JavaScript 來繪製圖表的人，如果想用其他前端框架撰寫，要改用 NPM 方式安裝。

 NPM 安裝

對於使用框架進行開發的人，D3.js 也提供了 NPM 安裝方式。

STEP 01　先使用 NPM 安裝 D3.js 函式庫。

```
npm i d3
```

STEP 02　在頁面上匯入 D3.js。

```
<script> import * as d3 from 'd3' </script>
```

STEP/ 03 完成後，就可以測試一下是否可成功套用 D3.js 函式庫。這裡以印出一行字來測試一下。

```js
// JS
d3.select('#app')
  .append('h1')
  .text('D3.js 好好玩 ');
```

STEP/ 04 看到畫面上出現以下這行字，就代表成功了。

圖 3-16　成功安裝 D3.js 函式

3.5　D3.js 版本確認

　　D3.js 的程式碼更新版本快速，讀者們使用 D3.js 繪製圖表時，最重要的是先確認自己使用的版本。要怎麼確認 D3.js 的版本呢？可以進到 D3.js 的官方 Github[11]，找到右下方的「Releases」，就能知道目前最新釋出的版本了。

※11 D3.js 的官方 Github：https://github.com/d3/d3。

圖 3-17　D3.js 版本

如果想要快速知道各版本之間的差異以及官方更新了哪些 API，可以點下方的「releases」來進到 releases 頁面，這邊會簡單條列出 D3.js 作者每一次釋出更新時，到底調整哪些 API。

圖 3-18　D3.js releases

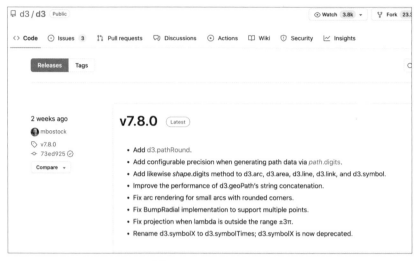

圖 3-19　D3.js releases

04

D3.js核心概念：
選取與綁定

由於 D3.js 是操作 DOM 節點去綁定數據資料，因此選取
與綁定 DOM 元素是 D3.js 最重要的核心概念。唯有徹底
了解後，製作圖表時才能得心應手。

終於要正式進入 D3.js 的世界了，本章除了介紹 D3.js 的核心概念之外，也會介紹選定元素後，D3.js 提供哪些 API 來讓我們可以對元素進行樣式調整、增減元素，並且資料綁定到特定元素之後，當資料有變動時要如何增減元素。

4.1 選取器（Selections）

D3.js 的選取器和 jQuery 一樣，都是使用 CSS 選擇器選定 DOM 元素，因此使用過 jQuery 的人看到 D3.js 的選取器，應該會有種親切感。

使用 d3.selection 時，它會回傳一個「selection」物件實體，如果畫面上沒有元素的話，則是會建立一個新的實體，之後就可以使用這個實體擁有的函式，去調整它的子集合。

Selections 的運作方式如下：

STEP/ 01 先指定 Dom 樹位置，並選取特定元素。

STEP/ 02 將資料綁定到指定元素上。

STEP/ 03 透過屬性去改變此元素的樣式（顏色、尺寸、位置等）。

STEP/ 04 最後透過 SVG 渲染出圖表。

D3.js 的官方文件中，列出許多 API 可以選取元素，如圖 4-1 所示。

```
≡   1464 lines (1281 sloc)   154 KB                          ...

𝒫 Selecting Elements

    • d3.selection - select the root document element.
    • d3.select - select an element from the document.
    • d3.selectAll - select multiple elements from the document.
    • selection.select - select a descendant element for each selected
      element.
    • selection.selectAll - select multiple descendants for each selected
      element.
```

圖 4-1　Selecting Elements

看 D3.js 官方文件時，讀者們會發現有不少看起來和選取無關的 API，都被劃分在 Selections 分類之下，這是因為我們使用 Selections 分類下的 API 時，它會回傳一個集合物件（以下統稱為「selection」）。

selection 內可能有元素，也可能沒有元素（是一個空集合）。而 selection 之後在資料綁定的過程中，會透過 enter、exit 來決定實際上的節點數量，因此後面章節介紹的「資料綁定 API 們」也被歸類在 Selections 分類之下。了解之後，我們就來介紹最常用的兩種 selection API 吧！

d3.select(selector)

第 3 章說明過怎麼查看 D3.js 官方文件，了解每支 API 的用途、要帶的參數、應該注意的事項後，就可以運用第 3 章學到的方法，我們一起來看 D3.js 官方文件對 d3.select(selector) 的說明。

首先，D3.js 官方文件上會標明 d3.select(selector) 這支 API 要帶的參數，後面會放上程式碼連結（Source）或是範例連結（Example），接著以文字描述這支 API 的用途、參數的格式，以及不同的形況會回傳哪些東西，最後附上範例來說明。

以 d3.select(selector) 來說，官方文件第一段先解說這支 API 會匹配第一個符合參數 selector 字串的元素。如果沒有符合者，就回傳空的 selection；如果有好幾個元素符合，則選取第一個元素，接著給了一個範例。再來解釋一些不同的情況，例如：參數 selector 也可以不帶字串，而改成帶入特定的 node 節點，並且給予一個範例。

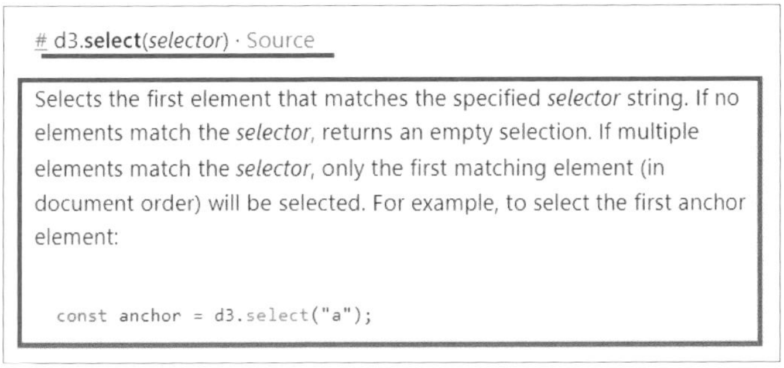

d3.**select**(*selector*) · Source

Selects the first element that matches the specified *selector* string. If no elements match the *selector*, returns an empty selection. If multiple elements match the *selector*, only the first matching element (in document order) will be selected. For example, to select the first anchor element:

```
const anchor = d3.select("a");
```

圖 4-2 **d3.select**

> If the *selector* is not a string, instead selects the specified node; this is
> useful if you already have a reference to a node, such as `this` within
> an event listener or a global such as `document.body` . For example, to
> make a clicked paragraph red:
>
> ```
> d3.selectAll("p").on("click", function(event) {
>   d3.select(this).style("color", "red");
> });
> ```

圖 4-2　**d3.select（續）**

　　了解 d3.select() 如何運作後，我們就可以自己來操作了。範例程式碼如下：

```
// HTML
<div class="select">
  <p>select 選我 1</p>
  <p>select 選我 2</p>
  <p>select 選我 3</p>
  <p>select 選我 4</p>
  <p>select 選我 5</p>
</div>

// JS
// select- 參數帶字串
d3.select('.select p').style('color', 'red');

// select- 參數帶 node 節點
const node = document.querySelector(".select p");
d3.select(node).style("color", "red");
```

```
select 選我1

select 選我2

select 選我3

select 選我4

select 選我5
```

圖 4-3　**d3.select 結果**

這時會有人說：「但我想把全部的元素一起調整啊！」別擔心！ D3.js 也有相對應的 API 可以處理，我們接著往下看。

d3.selectAll(selector)

如果想將選到的所有元素一起處理的話，就要用 d3.selectAll()。一樣先看 D3.js 官方文件的解說，如圖 4-4 所示。

d3.**selectAll**(*selector*) · Source

Selects all elements that match the specified *selector* string. The elements will be selected in document order (top-to-bottom). If no elements in the document match the *selector*, or if the *selector* is null or undefined, returns an empty selection. For example, to select all paragraphs:

```
const paragraph = d3.selectAll("p");
```

圖 4-4　**d3.selectAll 官方解說**

d3.selectAll() 會匹配符合所有參數（selector）的元素，並按照文件順序，由上至下選取所有元素。另外，參數（selector）的格式除了字串之外，也可以帶入 node 節點陣列。範例如下：

```
// HTML
<div class="selectAll">
  <p>selectAll 選我 1</p>
  <p>selectAll 選我 2</p>
  <p>selectAll 選我 3</p>
  <p>selectAll 選我 4</p>
  <p>selectAll 選我 5</p>
</div>

// JS
// selectAll- 帶入字串
d3.selectAll(".selectAll p").style("color", "red");

// selectAll- 帶入 node 節點陣列
```

```
const nodeArray = document.querySelectorAll(".selectAll p");
d3.selectAll(nodeArray).style("color", "red");
```

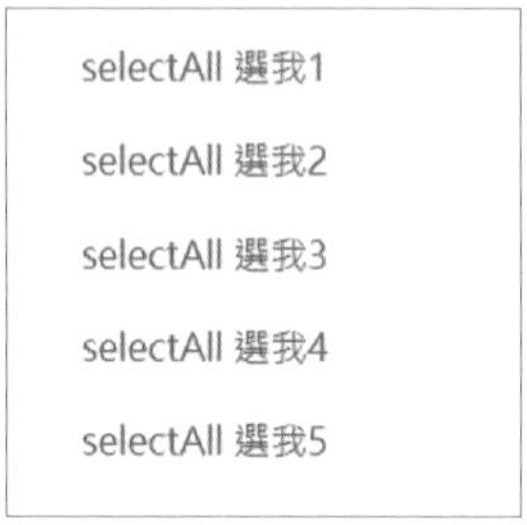

selectAll 選我1

selectAll 選我2

selectAll 選我3

selectAll 選我4

selectAll 選我5

圖 4-5　**d3.selectAll 畫面**

4.2　調整元素

　　選定好元素後，接下來就是能對這個元素做什麼事。D3.js 在 Modifying Elements[1] 這個分類之下，提供許多的 API 來對元素進行調整。每一支 API 的用途和使用方式都有在官方文件上解說，所以學會如何使用與查詢文件非常重要。

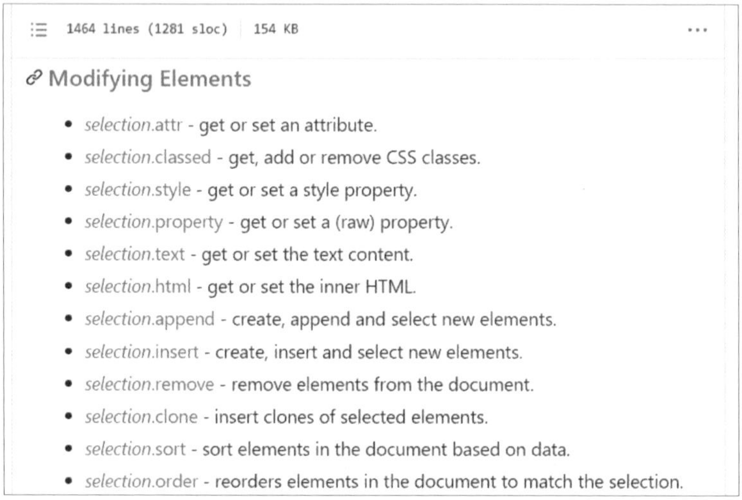

1464 lines (1281 sloc)　154 KB

🔗 Modifying Elements

- *selection*.attr - get or set an attribute.
- *selection*.classed - get, add or remove CSS classes.
- *selection*.style - get or set a style property.
- *selection*.property - get or set a (raw) property.
- *selection*.text - get or set the text content.
- *selection*.html - get or set the inner HTML.
- *selection*.append - create, append and select new elements.
- *selection*.insert - create, insert and select new elements.
- *selection*.remove - remove elements from the document.
- *selection*.clone - insert clones of selected elements.
- *selection*.sort - sort elements in the document based on data.
- *selection*.order - reorders elements in the document to match the selection.

圖 4-6　**modifying elements APIs**

---

[1]　Modifying Elements 官方文件：https://github.com/d3/d3/blob/main/API.md#modifying-elements。

這些 API 中又可以分成兩種：

- 對元素進行樣式設定。
- 對元素進行增減。

 對元素進行樣式設定

selection.attr(name[,value])

selection.attr() 這個 API 用來設定元素的屬性，它可以帶入兩個參數，name 代表想綁定的屬性名稱，value 則是這個屬性的數值。例如：HTML 中有一個 \<circle> 的 SVG 標籤，但沒有設定任何構成圓形的必備屬性值，因此畫面上無法呈現圓形。讓我們用 selection.attr() 設定圓形需要的所有數值。

在第 2 章中，我們學到 \<circle> 必須包含三個屬性才能呈現完整圓形，分別是 r（圓形半徑）、cx（中心點的水平 X 軸座標）、cy（中心點的垂直 Y 軸座標），所以可以先用 d3.select() 選好要設定的元素，接著用 selection.attr() 將這幾個屬性一一綁定上去，順便設定 fill 屬性值，把圓形填入黃色：

```
// HTML
<svg width="500" height="200" class="svgCircleWrap-attr"
    style="border: 1px solid rgb(96, 96, 96)">
  <circle></circle>
</svg>


// JS
d3.select('.svgCircleWrap-attr circle')
  .attr("r", 30)
  .attr("cx", 50)
  .attr("cy", 50)
  .attr("fill", "rgb(248, 204, 61)")
```

完成後的 HTML 中，可以看到 r、cx、cy、fill 這幾個屬性及屬性值都被動態綁定在 \<circle> 上了，如圖 4-7 所示。

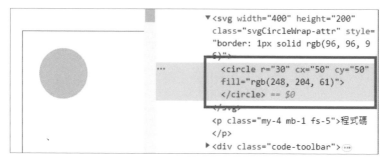

圖 4-7　**selection.attr** 畫面

selection.classed(names[,value])

我們也能改用 selection.classed() 進行設定，來建立同樣的圓形。selection.classed() 這個 API 用來設定元素的 class，它可以帶入 names 和 value 兩個參數。

- **names**：代表想綁定的 class 名稱，可以一次綁定多個 class，不同 class 之間用空格區隔。

- **value**：可以是布林值或方法，帶入布林值時，true 代表所有元素都綁定這些 classes，false 則相反；帶入方法時，則可以設定哪些元素要加上 class。

```html
// HTML
<svg width="500" height="200"
    class="svgCircleWrap-classed"
    style="border: 1px solid rgb(96, 96, 96)">
  <circle></circle>
</svg>
```

```css
// CSS
.circle {
  r: 30px;
  cx: 50px;
  cy: 50px;
}
.yellow {
  fill: rgb(248, 204, 61);
```

```
}

// JS
d3.select(".svgCircleWrap-classed circle")
  .classed("yellow circle", true);
```

圖 4-8　**selection.classed 畫面**

 說明　在 SVG 第一版時，r、cx、cy 這些只能設定為 SVG 的屬性，不能寫成 CSS 的形式。但在 2018 年推出 SVG 第二版後，這些屬性視為幾何圖形特性（Geometry Property），成為圓形的樣式之一，並且可以寫成 CSS 的形式。

selection.style(name[,value,[priority]])

除了設定 attribute 或 class，還可以用 selection.style() 這個 API 來設定元素的 style，等於直接在 HTML 元素設定 inline-style。

selection.style() 可以帶入三個參數，分別是：

- **name**：樣式名稱。
- **value**：樣式數值。
- **priority**：優先程度。

　　要注意的是，style 設定的是 CSS 樣式，長、寬等都要記得設定單位。另外，如果想將某個樣式的優先度提高，可以在 priority 參數帶入字串「important」，等同於 CSS 寫「!important」的效果。

```
// HTML
<svg width="500" height="200"
    class="svgCircleWrap-style"
    style="border: 1px solid rgb(96, 96, 96)">
  <circle></circle>
</svg>


// JS
d3.select(".svgCircleWrap-style circle")
  .style("r", "30px")
  .style("cx", "50px")
  .style("cy", "50px")
  .style("fill", "rgb(248, 204, 61)", "important");
```

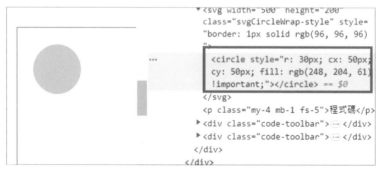

圖 4-9　selection.style 畫面

對元素進行增減

　　除了修改樣式之外，有時也會遇到需要增減元素的需求，這時就能使用 D3.js 提供的一些 API 來處理，現在就來看看幾個常用的增減元素 API。

selection.text([value])

我們先看一個很常用的 API：selection.text()。它的功能是設定所選元素內的文字，同時也會取代所選元素內的任何子元素。例如：下列範例的 HTML 中，<div> 裡面原本包含兩個 <p> 元素，但 d3.select() 選定元素後，接著用 selection.text() 加上文字，<div> 內的 <p> 元素便被文字取代了。

```
// HTML
<div class="text">
  <p>Hi</p>
  <p>World</p>
</div>
```

```
// JS
d3.select(".text")
  .text("Hello World")
```

```
<!-- selection.text -->
▼<div class="my-4">
  ▶<h5 class="mb-4">…</h5>
   <div class="text">Hello World</div> == $0
   <p class="my-4 mb-1 fs-5">程式碼</p>
  ▶<div class="code-toolbar">…</div>
  ▶<div class="code-toolbar">…</div>
 </div>
```

圖 4-10　**selection.text 畫面**

selection.append(type)

selection.append() 的功能是「向後加入新元素」，也就是在選定的元素後方增添新元素，參數 type 則是設定想帶入什麼元素。

```
// HTML
<div class="append">
  <p>a</p>
  <p>b</p>
  <p>c</p>
```

```
    <p>d</p>
</div>

// JS
d3.select('.append')
  .append('p')
  .text('e')
  .classed('fw-bold', true)
  .style('color', 'rgb(248, 117, 61)')
```

```
<!-- selection.append -->
▼<div class="my-4">
  ▶<h5>…</h5>
  ▶<div class="my-3">…</div>
  ▼<div class="append">
      <p>a</p>
      <p>b</p>
      <p>c</p>
      <p>d</p>
      <p class="fw-bold" style="color: rgb(248, 117, 61);">
      e</p> == $0
    </div>
    <p class="my-4 mb-1 fs-5">程式碼</p>
  ▶<div class="code-toolbar">…</div>
```

圖 4-11　**selection.append 畫面**

selection.insert(type[,before])

　　selection.insert() 這個 API 一樣是用來增加元素，但它比 selection.append() 多一個 before 的參數，可以用來指定在哪個既有元素之前增添新元素。

```
// HTML
<div class="insert">
  <p>a</p>
  <p>b</p>
  <p>c</p>
  <p>d</p>
</div>
```

```
// JS
d3.select(".insert")
  .insert("p", "p:nth-child(2)")
  .text("e")
  .classed("fw-bold", true)
  .style("color", "rgb(248, 117, 61)");
```

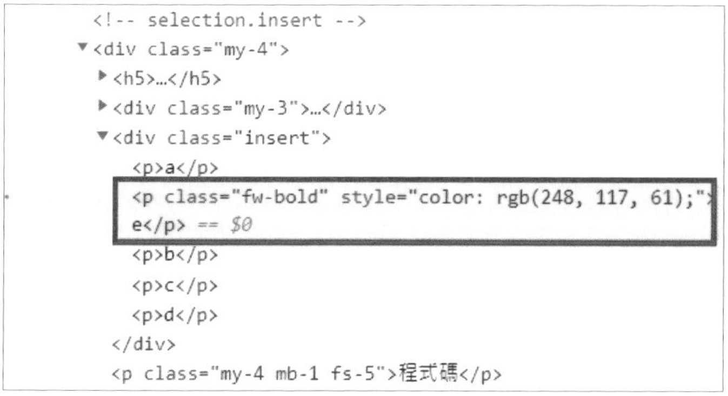

```
<!-- selection.insert -->
▼<div class="my-4">
  ▶<h5>…</h5>
  ▶<div class="my-3">…</div>
  ▼<div class="insert">
      <p>a</p>
      <p class="fw-bold" style="color: rgb(248, 117, 61);">
      e</p> == $0
      <p>b</p>
      <p>c</p>
      <p>d</p>
  </div>
  <p class="my-4 mb-1 fs-5">程式碼</p>
```

圖 4-12　**selection.insert 畫面**

selection.remove()

再來是最簡單的 selection.remove()，它是用來把選定的元素刪掉，並且無須帶入任何參數，只要選定想刪除的元素後，呼叫這個 API 即可。

```
// HTML
<div>
  <p>a</p>
  <p class="remove">b</p>
  <p>c</p>
  <p>d</p>
</div>
```

```
// JS
d3.select('.remove')
  .remove()
```

```
<!-- selection.remove -->
▼<div class="my-4">
  ▶<h5>…</h5>
  ▶<div class="my-3">…</div>
  ▼<div> == $0
    <p>a</p>
    <p>c</p>
    <p>d</p>
  </div>
```

圖 4-13　selection.remove 畫面

4.3　資料綁定（Data Binding）

前面介紹了 Selections 如何選取元素，並調整元素樣式、增減元素，但 Selections 能做到的遠不止這些。除了調整元素之外，它還包含許多不同類型的 API，例如：

- 綁定資料（Joining Data）。
- 處理事件（Handling Events）。
- 呼叫並使用方法（Control Flow）。

接著來看最重要的「綁定資料」（Joining Data）。將資料和 DOM 元素綁定，是 D3.js 的核心概念，綁定後我們就不用手動操作元素，只要透過資料的變化，就能將圖表繪製出來。這時會有人問：「那資料和 DOM 元素的數量能剛好搭配嗎？」當然不一定呀，因此 D3.js 將資料綁定後的狀態分成三種，也就是所謂的「Enter / Update / Exit」狀態，並依此處理資料與元素數量不匹配時的情況。

🏆 資料綁定的三種狀態：Enter、Update、Exit

只要提到 D3.js 的資料綁定，一定會看到圖 4-14 這張圖，這個是 D3.js 讓開發者能專注在資料上的核心概念。

圖 4-14　enter-update-exit

當資料和 DOM 元素配對並綁定時，難免會出現資料較多或 DOM 元素較多的情況，因此當兩者的數量不匹配時，D3.js 就把這些情況分成三種狀態：

- **update**：如果資料數量和 DOM 元素能夠綁定，該筆輸入的資料會被歸納為 update 資料。

- **enter**：如果資料數量多、DOM 元素少，資料沒有相對應的 DOM 元素能綁定，多餘的資料就會被歸納為 enter 資料。

- **exit**：如果資料數量少、DOM 元素多，DOM 元素沒有相對應的資料能綁定，多餘的元素就會被歸納為 exit 資料。

知道這三種狀態分別代表的意義後，接著來看 Joining Data 分類。我們一樣先看 Joining Data 官方文件 [※2] 列出其有哪些 API，如圖 4-15 所示。

> *&* Joining Data
>
> - *selection*.data - bind elements to data.
> - *selection*.join - enter, update or exit elements based on data.
> - *selection*.enter - get the enter selection (data missing elements).
> - *selection*.exit - get the exit selection (elements missing data).
> - *selection*.datum - get or set element data (without joining).

圖 4-15　**Joining Data**

※2　Joining Data 官方文件：https://github.com/d3/d3/blob/main/API.md#joining-data。

Joining Data 這個分類包含 5 支 API，是 D3.js 很重要的功能，能透過資料的增減去新增或刪除 DOM 元素，開發者只要專注在資料的變化上就好，是個非常方便的功能。

要特別注意的是，這些綁定資料的 API 歸類於 Selections 分類之下，是因為要先用 d3.select 的方法選定 DOM 節點後，才能將資料綁定到 d3.select 回傳的 selection 實體上，並對資料和元素的配對與增減進行對應處理。

上述內容可能有點難懂，說白了就是「如果不先用 Selections 選定節點，就不能用 selection.data() 去綁定資料」，所以讀者去看其他 D3.js 的程式碼，這兩個方法都是一起出現的，沒有單獨使用 d3.data() 的情況。

```
d3.select('div').data()
```

說明

根據撰寫 D3.js 圖表的經驗，筆者認為確定哪個方法歸類在哪邊很重要，因為 D3.js 實在有太多 API：

- 有些名字一模一樣：像是 Scale 的 Continuous Scales 和 Ordinal Scales 中，都有 .domain()、.range() 的方法。
- 有些只有某類別獨有：像是 Scale 中只有 Continuous Scales 有 .invert() 的方法，因此其他 scale 無法使用 .invert()。

如果 API 使用錯誤，就會發現圖片出不來、console 一直報錯，或者除錯半天，卻不明白到底哪裡有問題。

更常遇到的情況是，你看了某篇文章的圖表不錯，作者也有分享程式碼，於是你想直接拿來用，並多加一些功能上去，但卻發現加上新功能後一直出錯，查了半天找不出問題。如果有不太確定的 API，建議直接先去官方文件查詢，減少自己困在程式碼的時間。

Joining Data 的 API 可以分成兩種類型：

綁定 DOM 元素和資料的方法

- selection.data()
- selection.datum()

處理資料數量與 DOM 元素數量不匹配的方法

- selection.enter()
- selection.exit()
- selection.join()

綁定 DOM 元素和資料的方法

D3.js 提供兩個把資料和元素綁定的方法，分別是 selection.data() 及 selection.datum()，這兩個方法都可以將資料陣列和 DOM 元素們綁定在一起，並回傳一個 selection 實體，之後就能用 enter() 或 exit() 方法對這個 selection 進行增加或刪減 DOM 元素。

這兩個方法只能把互相匹配的 DOM 元素與資料綁定在一起。如果資料數量比較多、DOM 數量元素比較少，亦或是反過來的情況，多餘的資料或 DOM 元素就不會綁定，而是會進入 enter 或 exit 區塊，必須使用增減資料數量與 DOM 元素不匹配的方法，再去增加或刪除相對應的 DOM 元素。

selection.data([data[,key]])

用 selection.data() 把陣列型態的資料當成參數傳入，就能把資料與選定的元素綁定，並返回一個 selection，這個 selection 即為 update selection。update selection 代表 DOM 元素與資料都有成功匹配，而且當資料陣列和 DOM 元素綁定時，會按照 index 順序將資料一一綁定到 DOM 元素上。這時單一個 data 就會被存在匹配的單一個 DOM 元素 __ data __ 屬性中，並達成讓元素與 DOM「黏」在一起的效果。

同時，selection.data() 也會定義 enter selection 和 exit selection，那些多餘的資料或是多餘的 DOM 元素就會分別落入這兩個 selections 中。

- **單一元素綁定單一資料**：舉例來說，目前畫面上有一個 <p> 的 DOM 元素，我們選定這個 DOM 元素後，將設定好的資料用 selection.data() 綁定，接著把 bindData 印到 Console 上看看。

```
// HTML
<p class="bindData"></p>

// JS
const bindData = d3.select('.bindData')
                   .data([' 綁定資料 '])
                   .text(d => d);

// 印出綁定資料的 selection 來看看
console.log('bindData', bindData)

// 印出綁定的 data 來看看
console.log(bindData['_groups'][0][0]['__data__'])
```

圖 4-16　bindData

　　綁定的資料就存放在 _groups_ 內的 _data_ 裡面。展開 _groups_ 之後，再點開 0 這個陣列，就能找到 _data_ 了，如圖 4-17 所示。

圖 4-17　bindData _data_

- **多個元素綁定多筆資料**：想綁定多個元素和資料也可以，但要改成用 selectAll 來選取所有想綁定的 DOM 元素。

```
// HTML
<p class="bindMultiData"></p>
<p class="bindMultiData"></p>
<p class="bindMultiData"></p>
<p class="bindMultiData"></p>

// JS
const multiData = [' 綁 ', ' 定 ', ' 資 ', ' 料 ']
const bindMultiData = d3.selectAll('.bindMultiData')
                        .data(multiData)
                        .text(d => d);

// 印出綁定資料的 selection 來看看
console.log('bindMultiData', bindMultiData)
```

如此一來，把 bindMultiData 印出來時，就會看到有四個 DOM 元素和資料綁定，資料會按照 index 依序被綁到相對應的 node 節點上，並存在該節點的 _data_ 中，如圖 4-18、圖 4-19 所示。

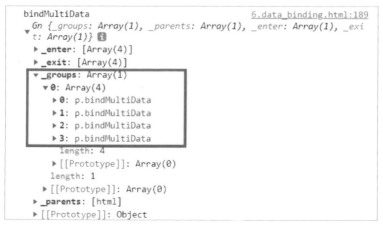

圖 4-18 **bind-multi-data**

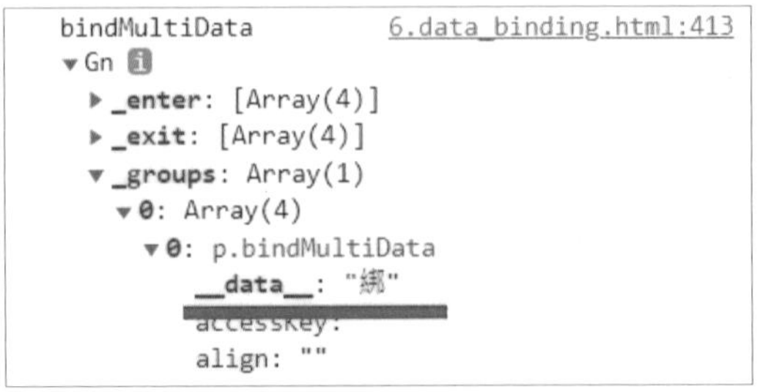

圖 4-19　bind-multi-data _data_

上面兩個範例都是資料和 DOM 元素數量一樣多的情況，但如果兩者的數量不匹配時，多餘的資料或元素就會落入 _enter 和 _exit 內。

● **綁定的元素與資料數量不匹配**：舉例來說，如果畫面上只有兩個 DOM 元素，但有四筆資料要綁定到元素上。

```
// HTML
<p class="bindUnmatchData"></p>
<p class="bindUnmatchData"></p>

// JS
const UnmatchData = [' 綁 ', ' 定 ', ' 資 ', ' 料 ']
const bindUnmatchData = d3.selectAll('.bindUnmatchData')
                          .data(UnmatchData)
                          .text(d => d);

// 印出綁定資料的 selection 來看看
console.log('bindUnmatchData', bindUnmatchData)
```

這時就會看到 _enter 多了兩筆資料，而 _group 最後的兩筆顯示爲空值，代表有兩筆資料沒有 DOM 元素可以搭配，如圖 4-20 所示。

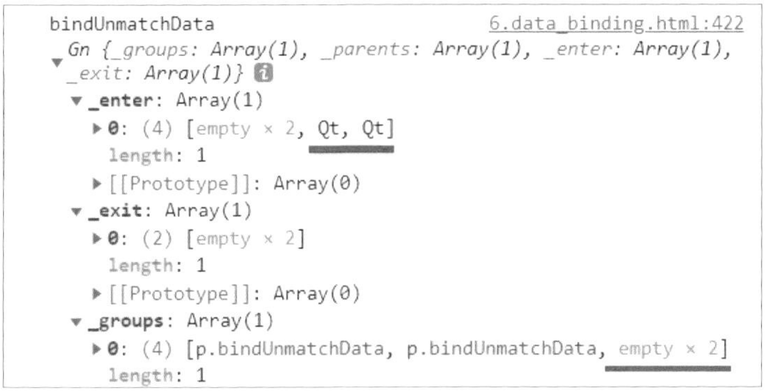

圖 4-20　bind-unmatch-data

把 _enter 展開來查看，就能看到多出哪兩筆資料，如圖 4-21 所示。

圖 4-21　bind-unmatch-data _enter

　　這種情況很常見，因為資料通常不會和 DOM 元素數量一致；或是當資料發生變動時，也會讓兩者的匹配度產生改變，這時就要運用增減資料數量與 DOM 元素不匹配的方法來處理。但這個晚點再說，我們先來看到綁定資料的另一個方法：selection.datum()。

selection.datum([value])

selection.datum() 是將陣列型態的資料當成參數帶入後，把整個資料集綁定到選取的 DOM 元素上。

```
// HTML
<p class="datum"></p>
```

```
// JS
const datumObj = [{name:'jin'}, {name:'JIN'}]
const bindDatum = d3.select('.datum')
                    .datum(datumObj)
console.log('bindDatum', bindDatum)
```

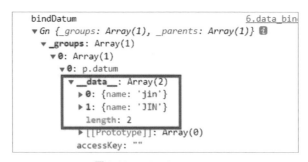

圖 4-22　**selection.datum**

這時眼尖的人就會發現 selection.datum() 返回的物件中沒有 _enter 和 _exit 兩個物件，這個就是 selection.datum() 和 selection.data() 最主要的不同。

selection.datum() 和 selection.data() 這兩支 API 乍看之下用法很相似，但兩者的不同在於：selection.datum() 無法合併資料，不能改變資料的順序，也不能去增減綁定的 DOM 元素，這到底是什麼意思呢？直接看範例比較清楚。

```
// HTML
<p class="join"></p>
```

```
// JS
const data = [{ name: "金金" }, { name: "JINJIN" }];
const dataBinding = d3.select(".join").data(data);
```

目前畫面上只有一個 DOM 元素 <p>，data 資料中則有兩個物件。使用 selection. data() 將資料和 DOM 元素綁定時，selection.data() 會去拆解傳入的資料陣列，並將每筆資料按照 index 的順序綁定到 DOM 元素上，但由於 DOM 元素不夠，只能綁定第一筆資料 { name:" 金金 " }，第二筆多餘的資料便會被歸類的 _enter 內，如圖 4-23 所示。

圖 4-23　**dataBinding**

如果我們想要把整個資料集全部綁定到同一個 DOM 元素上呢？這時就要把整個資料集包成一個大包的陣列，再透過 selection.data() 綁定到 DOM 元素上，如此整個資料陣列才能一起綁定到同個 DOM 元素上。

```
const dataArrayBinding = d3.select(".join").data([data]);
```

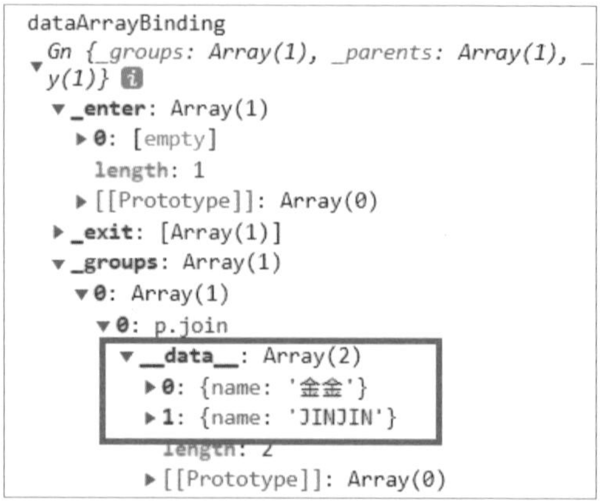

```
dataArrayBinding
 ▼ Gn {_groups: Array(1), _parents: Array(1), _
 ▼ y(1)} ℹ
   ▼ _enter: Array(1)
     ▶ 0: [empty]
       length: 1
     ▶ [[Prototype]]: Array(0)
   ▶ _exit: [Array(1)]
   ▼ _groups: Array(1)
     ▼ 0: Array(1)
       ▼ 0: p.join
         ▼ __data__: Array(2)
           ▶ 0: {name: '金金'}
           ▶ 1: {name: 'JINJIN'}
           length: 2
         ▶ [[Prototype]]: Array(0)
```

圖 4-24　**dataArrayBinding**

　　但如果改用 selection.datum() 這個方法，它會直接把整包物件綁定到 DOM 元素上，而不是按照資料陣列內的順序去綁定 DOM 元素。既然每次都是整包資料集綁定 DOM 元素，當然就沒有資料和元素數量不匹配的問題，也無須使用 join、enter、exit 來處理資料與 DOM 元素數量不匹配的問題。

```
const datumBinding = d3.select(".join").datum(data);
```

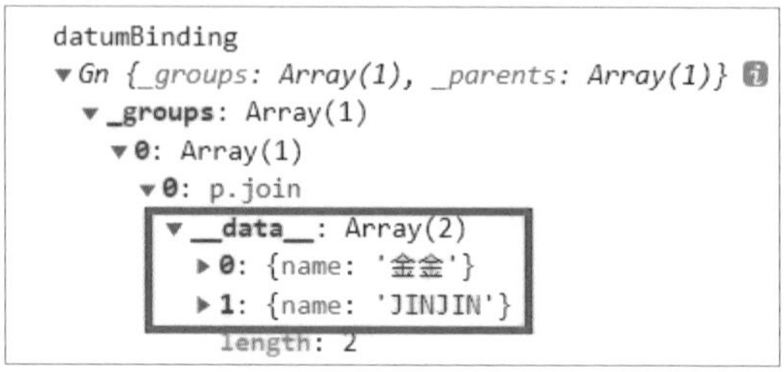

```
datumBinding
 ▼ Gn {_groups: Array(1), _parents: Array(1)} ℹ
   ▼ _groups: Array(1)
     ▼ 0: Array(1)
       ▼ 0: p.join
         ▼ __data__: Array(2)
           ▶ 0: {name: '金金'}
           ▶ 1: {name: 'JINJIN'}
           length: 2
```

圖 4-25　**datumBinding**

selection.data() 與 selection.datum() 的比較

　　如果讀者們看完上面的解說後，仍然搞不懂這兩個方法差在哪裡的話，別擔心！下面就是簡單的統整：

- **selection.data()**：將傳入的資料陣列，按照索引值一個一個綁定到 DOM 元素上。
- **selection.datum()**：將傳入的資料陣列，整包綁定到一個 DOM 元素上。

舉例來說，假如畫面上有五個 <rect> 元素，要綁定的資料集是 [10, 20, 30, 40]，分別用 data() 和 datum() 來綁定看看：

```
// HTML
<svg class="rectContainer">
  <rect></rect>
  <rect></rect>
  <rect></rect>
  <rect></rect>
  <rect></rect>
</svg>

// JS
const rectData = [10, 20, 30, 40];

// data()
const d3Data = d3
  .select(".rectContainer")
  .selectAll("rect")
  .data(rectData);
console.log("d3Data", d3Data);

// datum()
const d3Datum = d3
  .select(".rectContainer")
  .selectAll("rect")
  .datum(rectData);
console.log("d3Datum", d3Datum)
```

觀察印出來的 Console，會看到 data() 只綁定了四個 <rect>，datum() 卻綁定了五個 <rect>，如圖 4-26 所示。

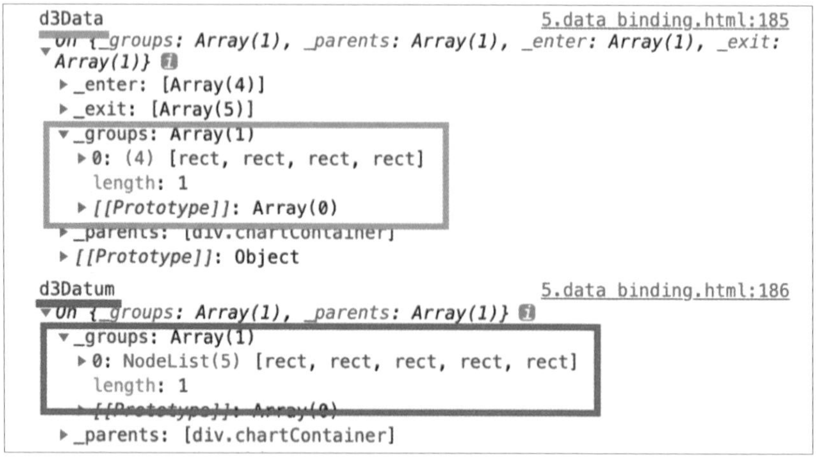

```
d3Data                                    5.data binding.html:185
▼ On {_groups: Array(1), _parents: Array(1), _enter: Array(1), _exit:
  Array(1)} 🛈
  ▶ _enter: [Array(4)]
  ▶ _exit: [Array(5)]
  ▼ _groups: Array(1)
    ▶ 0: (4) [rect, rect, rect, rect]
      length: 1
    ▶ [[Prototype]]: Array(0)
  ▶ _parents: [div.chartContainer]
  ▶ [[Prototype]]: Object
d3Datum                                   5.data binding.html:186
▼ On {_groups: Array(1), _parents: Array(1)} 🛈
  ▼ _groups: Array(1)
    ▶ 0: NodeList(5) [rect, rect, rect, rect, rect]
      length: 1
    ▶ [[Prototype]]: Array(0)
  ▶ _parents: [div.chartContainer]
```

圖 4-26　rect-data-binding

　　點開每個 DOM 元素來查看綁定的 __ data __ 資料，發現 data() 會將每個 DOM 元素按資料集順序綁定一筆資料，剩下一個沒綁到資料的 DOM 元素則歸到 _exit，如圖 4-27 所示。

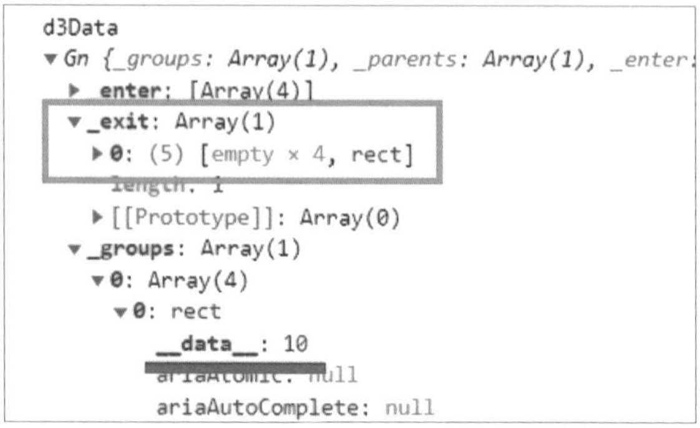

```
d3Data
▼ Gn {_groups: Array(1), _parents: Array(1), _enter:
  ▶ _enter: [Array(4)]
  ▼ _exit: Array(1)
    ▶ 0: (5) [empty × 4, rect]
      length: 1
    ▶ [[Prototype]]: Array(0)
  ▼ _groups: Array(1)
    ▼ 0: Array(4)
      ▼ 0: rect
          __data__: 10
          ariaAtomic: null
          ariaAutoComplete: null
```

圖 4-27　rect-data-binding data( )

datum() 則是每個 DOM 元素都綁定整組資料，如圖 4-28 所示。

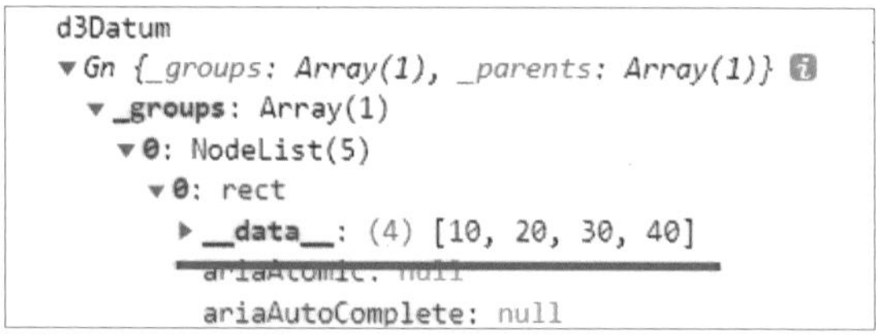

```
d3Datum
▼ Gn {_groups: Array(1), _parents: Array(1)} 🛈
  ▼ _groups: Array(1)
    ▼ 0: NodeList(5)
      ▼ 0: rect
        ▶ __data__: (4) [10, 20, 30, 40]
          ariaAtomic: null
          ariaAutoComplete: null
```

圖 4-28　rect-data-binding datum()

以下整理成表格來比較一下：

DOM 元素	使用 data() 綁定得到的 __ data __	使用 datum() 綁定得到的 __ data __
第一個 \<rect\>	10	['10', '20', '30', '40']
第二個 \<rect\>	20	['10', '20', '30', '40']
第三個 \<rect\>	30	['10', '20', '30', '40']
第四個 \<rect\>	40	['10', '20', '30', '40']
第五個 \<rect\>	沒綁到資料，歸到 exit selection 內	['10', '20', '30', '40']

瞭解這兩者的差異後，大家心裡一定會出現一個疑惑：「那到底什麼時候要用 data()、什麼時候要用 datum() 呢？」基本上就是：

- **適合使用 datum() 的情況**：想把整組資料集一起綁定到一個或多個 DOM 元素上。資料不會變動，不需要使用到 selection.enter、selection.exit 方法時。
- **適合使用 data() 的情況**：想把資料集內的資料分別綁定到不同的 DOM 元素上。資料會不停變動，需要使用 selection.enter、selection.exit 方法來增減 DOM 元素（例如：觀察每日搭乘捷運人次）。

 增減資料數量與 DOM 元素不匹配的方法

前面提過資料綁定時會有 enter、update、exit 三種狀態，以及 selection.data() 回傳的 selection 內包含 _enter、_exit、_groups selection，筆者用以下的範例來詳細解說它們代表的意義。

Update：資料與 DOM 元素數量剛好

畫面上有四個 \<p\> 元素，資料集內剛好也有四筆資料，使用 selection.data() 綁定。

```
// HTML
<div class="updateData">
  <p></p>
  <p></p>
  <p></p>
  <p></p>
```

```
</div>

// JS
const updateData = ["資", "料", "剛", "好"];
const updateSelection = d3.select(".updateData")
                          .selectAll("p")
                          .data(updateData);
```

接著將綁定好的 updateSelection 印出來看，此時會看到一個大物件，展開後裡面包含 _enter、_exit、_groups、_parents 等四個物件，其中：

- **_enter**：負責處理輸入的資料。

- **_exit**：負責處理搭配的 DOM 元素。

- **_group**：呈現 DOM 元素與綁定的資料。

此時無論是 __ enter、__ exit 或是 __ groups，它們的陣列數量一樣都是四個，如圖 4-29 所示。

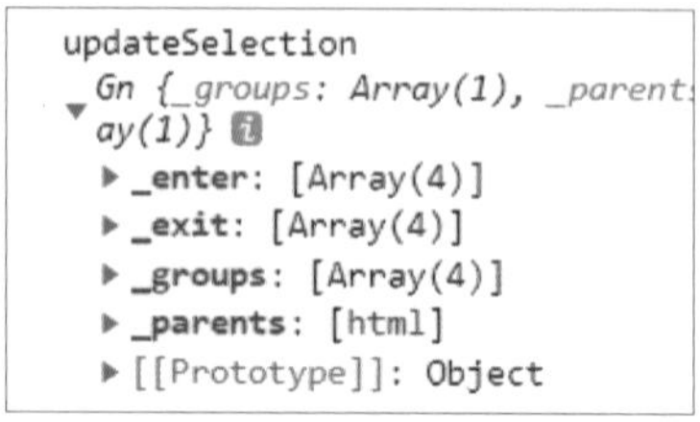

```
updateSelection
  Gn {_groups: Array(1), _parent
  ay(1)} ⓘ
    ▶_enter: [Array(4)]
    ▶_exit: [Array(4)]
    ▶_groups: [Array(4)]
    ▶_parents: [html]
    ▶[[Prototype]]: Object
```

圖 4-29　**updateSelection**

分別展開 __ enter 和 __ exit，發現裡面都是寫 [empty×4]，代表所有的資料都和 DOM 元素搭配好了，沒有多餘的資料或是多餘的 DOM 元素。而在 __ group 會看到所有綁定資料的 DOM 元素，如果將 DOM 元素展開，找到裡面的 __ data __，就知道該 DOM 元素綁定的是哪一筆資料。這些與 DOM 元素綁定的資料就是所謂的 update 資料。

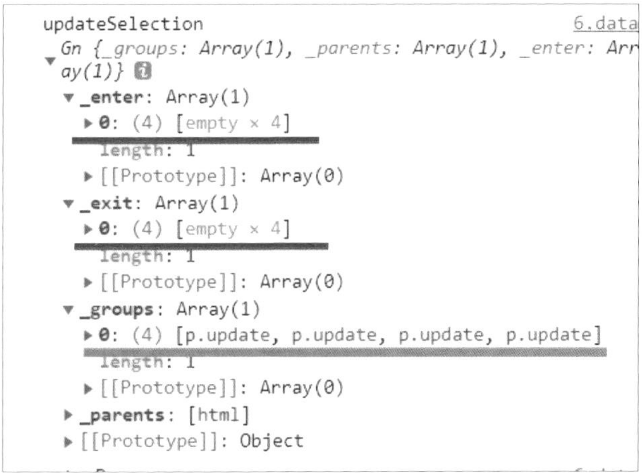

圖 4-30   **展開 _groups selection**

Enter：多餘未匹配到 DOM 元素的資料

畫面上只有兩個 <p> 元素，資料集卻有五筆資料，資料比 DOM 元素更多。

```
// HTML
<div class="enterData">
  <p></p>
  <p></p>
</div>

// JS
const enterData = ["資", "料", "比", "較", "多"];
const enterSelection = d3.select(".enterData")
                        .selectAll("p")
                        .data(enterData)
                        .text((d) => d);
```

展開 enterSelection 後，會看到 __ enter 和 __ exit 的陣列內數量不相同。展開 __
enter 可以看到陣列內雖然有五個值，但前面兩個卻是 empty。這是因為前兩個數值
已經讓相對應的 DOM 元素匹配走了，剩下的三個是沒有 DOM 元素可以搭配的資
料。

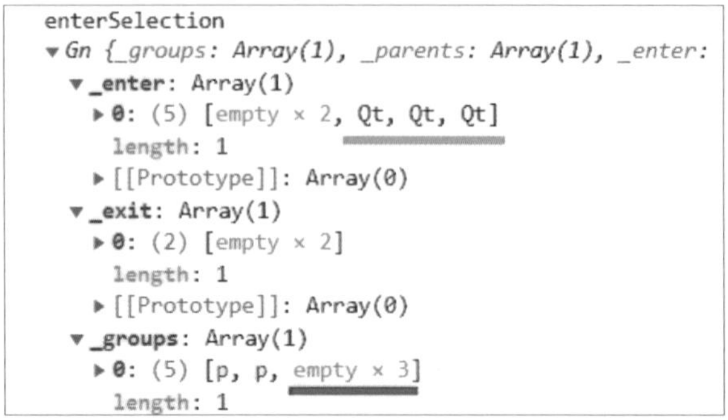

```
enterSelection
▼ Gn {_groups: Array(1), _parents: Array(1), _enter:
  ▼ _enter: Array(1)
    ▶ 0: (5) [empty × 2, Qt, Qt, Qt]
      length: 1
    ▶ [[Prototype]]: Array(0)
  ▼ _exit: Array(1)
    ▶ 0: (2) [empty × 2]
      length: 1
    ▶ [[Prototype]]: Array(0)
  ▼ _groups: Array(1)
    ▶ 0: (5) [p, p, empty × 3]
      length: 1
```

圖 4-31　**enterSelection**

　　繼續將這個陣列展開後，可以看到第三、四、五筆的資料沒有與 DOM 元素搭配到，這幾個資料的值分別是「比」、「較」、「多」，這些未與 DOM 元素綁定的資料會被歸到 enter 資料。

```
enterSelection
▼ Gn {_groups: Array(1), _parents: Array(1), _enter: Array(1), _e
  ▼ _enter: Array(1)
    ▼ 0: Array(5)
      ▼ 2: Qt
          namespaceURI: "http://www.w3.org/1999/xhtml"
        ▶ ownerDocument: document
          __data__: "比"
          _next: null
        ▶ _parent: div.mt-4.enterData.ps-4
        ▶ [[Prototype]]: Object
      ▼ 3: Qt
          namespaceURI: "http://www.w3.org/1999/xhtml"
        ▶ ownerDocument: document
          __data__: "較"
          _next: null
        ▶ _parent: div.mt-4.enterData.ps-4
        ▶ [[Prototype]]: Object
      ▼ 4: Qt
          namespaceURI: "http://www.w3.org/1999/xhtml"
        ▶ ownerDocument: document
          __data__: "多"
          _next: null
```

圖 4-32　**展開 _enter selection**

Exit：多餘未匹配到資料的 DOM 元素

　　畫面上有六個 <p> 元素，資料集只有三筆資料，DOM 元素比資料更多。

```
// HTML
<div class="exitData">
  <p></p>
  <p></p>
  <p></p>
  <p></p>
  <p></p>
  <p></p>
</div>


// JS
const exitData = ["資", "料", "少"];
const exitSelection = d3.select(".exitData")
                        .selectAll("p")
                        .data(exitData)
                        .text((d) => d);
```

　　一樣把 exitSelection 印到 Console 上看，會發現這次是 __exit 的數值多了三個 DOM 元素，代表有三個 DOM 元素沒有資料可以綁定。

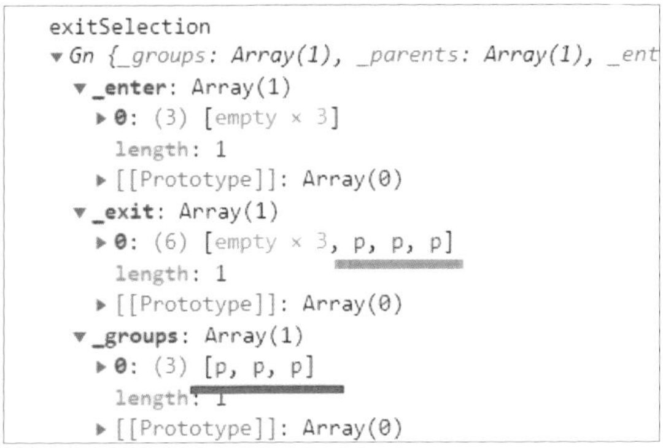

```
exitSelection
▼ Gn {_groups: Array(1), _parents: Array(1), _ent
  ▼ _enter: Array(1)
    ▶ 0: (3) [empty × 3]
      length: 1
    ▶ [[Prototype]]: Array(0)
  ▼ _exit: Array(1)
    ▶ 0: (6) [empty × 3, p, p, p]
      length: 1
    ▶ [[Prototype]]: Array(0)
  ▼ _groups: Array(1)
    ▶ 0: (3) [p, p, p]
      length: 1
    ▶ [[Prototype]]: Array(0)
```

圖 4-33　exitSelection

　　展開這個陣列後，發現是第四、五、六個 DOM 元素沒有資料能綁定，這些沒和資料綁定的 DOM 元素就是 exit 資料。

圖 4-34　展開 _exit selection

　　知道多餘的資料或多餘的 DOM 元素會被歸類至哪個區塊後，就能接著使用 D3.js 提供的三種方法來增減 DOM 元素。

selection.enter()

　　這個方法會回傳一個 enter selection，用來抓出多餘的資料。當資料比 DOM 元素多時，在 __ enter 會呈現出沒被綁定的資料，我們就能使用 enter() 這個方法抓出缺少幾個 DOM 元素。一旦抓到缺少 DOM 元素搭配的資料後，就能用 append() 把缺少的 DOM 元素加上去，如此每一筆資料都能搭配到對應的 DOM 元素了。

```
// HTML
<div class="enterData">
  <p></p>
  <p></p>
</div>

// JS
const enterData = ["資", "料", "比", "較", "多"];
const enterSelection = d3
  .select(".enterData")
  .selectAll("p")
  .data(enterData)
  .text((d) => d)
  .enter()      ←──── 抓出缺少幾個 DOM 元素
  .append("p")  ←──── 把缺少的 DOM 元素加上去
```

```
.text((d) => d)
.classed("fw-bold", true)
.classed("text-danger", true);
```

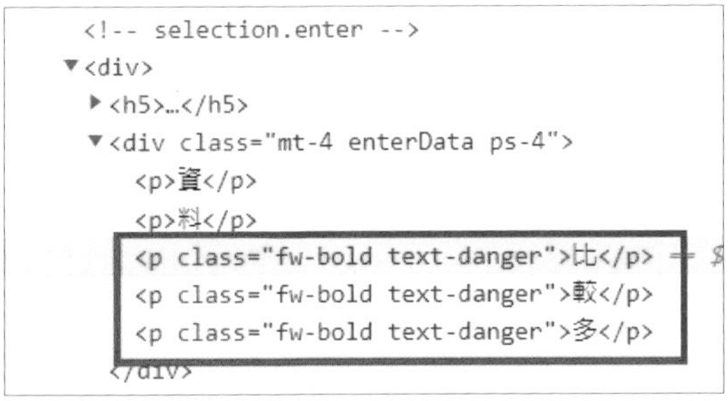

```
<!-- selection.enter -->
▼<div>
  ▶<h5>…</h5>
  ▼<div class="mt-4 enterData ps-4">
    <p>資</p>
    <p>料</p>
    <p class="fw-bold text-danger">比</p>  == $
    <p class="fw-bold text-danger">較</p>
    <p class="fw-bold text-danger">多</p>
  </div>
```

圖 4-35　增添 DOM 元素

selection.exit()

　　這個方法會回傳一個 exit selection，用來抓出多餘的 DOM 元素。當 DOM 元素比較多時，_exit 會呈現出沒綁到資料的 DOM 元素，我們就能用 exit() 這個方法將這幾個 DOM 元素抓出來，並使用 remove() 方法把多餘的 DOM 元素移除。

```
// HTML
<div class="exitData">
  <p></p>
  <p></p>
  <p></p>
  <p></p>
  <p></p>
  <p></p>
</div>


// JS
const exitData = [" 資 ", " 料 ", " 少 "];
const exitSelection = d3.select(".exitData")
                      .selectAll("p")
                      .data(exitData)
                      .text((d) => d)
```

```
.exit() ◄─────── 抓出多餘的 DOM 元素
.remove() ◄────── 移除多餘的 DOM 元素
```

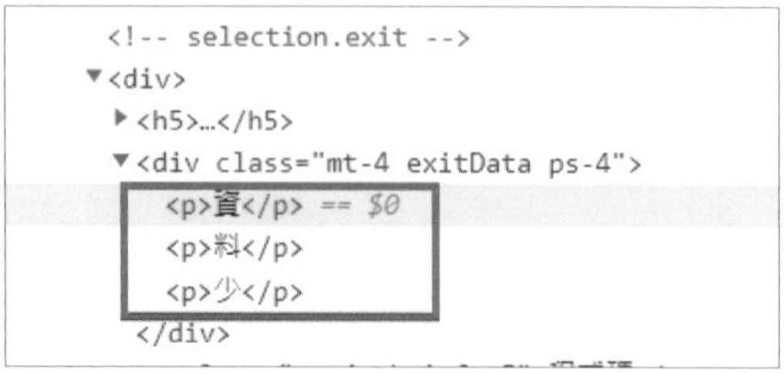

```
<!-- selection.exit -->
▼<div>
  ▶<h5>…</h5>
  ▼<div class="mt-4 exitData ps-4">
    <p>資</p> == $0
    <p>料</p>
    <p>少</p>
  </div>
```

圖 4-36　**移除多餘 DOM 元素**

selection.join(enter[, update][, exit])

　　這是更方便的方法，它一次結合了 enter()、exit() 和其他方法，可以增加、移除或重新排列元素的順序來搭配資料，讓開發者更快速簡單地增減元素。它可以帶入三個參數 enter、update 或 exit，其中 enter 參數能帶入想綁定的元素字串，或是用函式來分別設定。

　　舉例來說，如果遇到需要同時處理 update、enter 及 exit 資料的情況，前面的例子都需要分開來寫。下面以 update 和 enter 為例：

```js
// JS
const enterData = ["資", "料", "比", "較", "多"];
const enterSelection = d3
  .select(".enterData")
  .selectAll("p")
  .data(enterData)
  .text((d) => d)        ◄─────── 先處理 update 資料
  .enter()               ◄─────── 再處理 enter 資料
  .append("p")           ◄─────── 把缺少的 DOM 元素加上去
  .text((d) => d)
```

換成使用 join() 方法，就可以合併一同處理：

```
// HTML
<div class="joinData"></div>

// JS
const joinData = ["j", "o", "i", "n"];

d3.select(".joinData")
  .selectAll("p")
  .data(joinData)
  .join("p") ←————— 把 enter、update、exit 及 append 一併處理
  .attr("class", "text-danger")
  .text(d=>d)
```

參數也可以改成函式：

```
d3.select(".joinData")
  .selectAll("p")
  .data(joinData)
  .join(
    enter => enter.append("p")
      .attr("class", "text-danger")
      .text(d=>d),
    update => update,
    exit => exit.remove()
  );
```

　　如此一來，就節省需要處理 DOM 元素的工序，也減少撰寫重複的程式碼，非常方便。

 神奇的 d

　　目前為止，我們學會如何將資料綁訂 DOM 元素，但這樣還不算完成，我們還要處理想呈現的資料，這時就要運用一個神奇的參數：「d」。

如果看過 D3.js 圖表的程式碼，一定很常看到一個神奇的參數 d 被帶入呼叫的 API 中，如剛剛的 join() 範例：

```js
// JS
const joinData = ["j", "o", "i", "n"];

d3.select(".joinData")
  .selectAll("p")
  .data(joinData)
  .join("p")  ◀─────── 把 enter、update、exit 一併處理
  .attr("class", "text-danger")
  .text(d=>d)
```

這邊的 d => d 其實是 callback function 與它所帶參數的縮寫，本來的寫法是這樣：

```js
// JS
const joinData = ["j", "o", "i", "n"];

d3.select(".joinData")
  .selectAll("p")
  .data(joinData)
  .join("p")
  .attr("class", "text-danger")
  .text(function (d) => { return d })
```

大部分的 D3.js API 都可以把函式當成參數帶入，這個函式會套用到每個選取的 selection 實體上，並且按照順序回傳個別 selection 綁定的 data 和 index。當我們使用 callback function 並回傳 d 時，就能把每個 DOM 元素綁定的資料選出來，並一一呈現在畫面上，這樣的方式有點類似 javascript map 的用法。

除了一一回傳資料之外，也可以利用 callback function 去設定一些條件。比方說，把 index 順序為 2 的資料換掉：

```js
// JS
const joinData = ["j", "o", "i", "n"];
```

```
d3.select(".joinData")
  .selectAll("p")
  .data(joinData)
  .join("p")
  .attr("class", "text-danger")
  .text((d, i) => i===2 ? " 抓到你了 " : d)
```

原本的資料就被換成指定的字串了：

```
▼<div class="mt-4 joinData ps-4">
   <p class="text-danger">j</p>
   <p class="text-danger">o</p>
   <p class="text-danger">抓到你了</p> == $0
   <p class="text-danger">n</p>
 </div>
```

圖 4-37　設定條件換掉資料畫面

這個只是把 callback function 當成參數的小應用，等到後面的章節開始繪製圖表時，就能看到更多、更複雜的應用方式。

4.4 選取與綁定資料的應用範例

前面說明許多資料數量不匹配時如何去增減 DOM 節點，這時大家的心裡是否會出現一個疑問：「到底什麼情況下資料會不停變動？這些方法實際要如何應用呢？」下面就來做個小範例，透過範例能更清楚這些方法要怎麼應用。

STEP/ 01　畫面上有一個輸入資料數量的框框、隨機產生資料的按鈕、目前的資料集，以及與資料搭配的柱狀圖表。每次點擊按鈕時，會根據資料數量隨機產生不同的資料，柱狀圖表也會隨著資料更新而變化。

圖 4-38　範例圖表

STEP/ 02 我們先來建立一個 input 輸入框與按鈕的程式碼，然後設定一個空陣列。點擊按鈕時，根據輸入的數量來產生隨機數字，並把數字塞進陣列，這個陣列就會成為資料集。

```
// HTML
<div>
  <label> 資料數量 </label>
  <input type="number" class="dataLength" />
  <button type="button" class="getRandomData">
    點擊產生隨機資料
  </button>
</div>
<div>data 資料集：<span class="showData"></span></div>
<div class="chartWrap"></div>

// JS
const getRandomData = document.querySelector(".getRandomData");
const dataLength = document.querySelector("input");
const showData = document.querySelector(".showData");
let randomData = [];

// 增加陣列
getRandomData.addEventListener("click", (e) => {
  randomData.length = 0;
```

```
for (i = 0; i < dataLength.value; i++) {
    // 產生並塞入隨機亂數資料
    let random = Math.floor(Math.random() * 5);
    randomData.push(random);
}
// 畫面呈現目前資料集
showData.innerHTML = randomData;

// 繪製圖表
drawDiagram();
});
```

STEP/ 03 設定好資料集後，接著撰寫畫圖表的 drawDiagram 方法。第一步，先選定 DOM 元素，並建立 SVG 畫布。

```
// 建立 SVG 畫布
const rangeSelect = d3
    .select(".chartWrap")
    .append("svg")
    .attr("width", 400)
    .attr("height", 300)
    .style("border", "1px solid rgb(96, 96, 96)");
```

STEP/ 04 再來設定畫圖表的方法，選取頁面上所有的 <rect> 元素，並用 data() 方法把設定好的 randomData 資料集與 DOM 元素綁定。

```
// 製作圖表
const drawDiagram = () => {
    // 綁定 update 資料
    let rects = rangeSelect.selectAll("rect").data(randomData);
    // 接下來的程式碼寫在這邊
}
```

STEP/ 05 此時頁面上並沒有任何 <rect> 元素，因此這些綁定的資料會歸到 enter 資料內。我們可以使用 enter() 來建立缺少的 DOM 元素，再將這些 DOM 元素加上想要的 style 和 attr 標籤，如此就能順利呈現綁定資料的圖表。

```
// 製作圖表
const drawDiagram = () => {
  // 綁定 update 資料
  let rects = rangeSelect.selectAll("rect").data(randomData);

  // 用 enter 加上少的 DOM 元素
  rects
    .enter()
    .append("rect")
    .attr("width", (d) => d * 60)
    .attr("height", 40)
    .style("fill", "blue")
    .attr("x", (d, index) => 0) // 設定 x 位置
    .attr("y", (d, index) => index * 60); // 設定 y 位置
```

🏆 更新資料的同時，要更新高度

乍看之下，一切都沒問題，但如果繼續點擊隨機產生資料的按鈕，就會發現：「奇怪，怎麼資料集明明更新了，圖表卻沒有更新呢？」

這是因為當 DOM 元素和原本的資料綁定後，即使資料產生變化，新的資料也和 DOM 元素綁定，但我們沒有更新 DOM 元素最一開始綁定的高度設定。因此，我們加上一行程式碼重新設定長條圖的寬度，讓它綁定新的資料，才能正確呈現更新後的圖表。

```
// 更新 width 寬度
rects.attr("width", (d) => d * 60);
```

🏆 更新綁定狀況

以為這樣就結束了嗎？當然沒有，這時如果把資料數量從四筆改成兩筆，就會驚訝發現 DOM 元素並沒有減少，而且還綁定著原本的資料，如圖 4-39 所示。

圖 4-39　**DOM 元素殘留**

　　這是因為我們沒有刪除多餘的 DOM 元素，導致多餘 DOM 元素殘留在畫面上，因此要使用 exit() 的方法抓出多餘 DOM 元素，並用 remove() 方法移除。

```
// 用 exit 移除多的 DOM 元素
rects.exit().remove();
```

　　如此一來，才算是大功告成。無論資料集如何變動，圖表都會正確呈現目前的資料。

　　除了用 enter、update、exit 這些方法外，也可以用之前提過的 join() 方法一次處理完新增、更新、刪除 DOM 元素。

```
// 使用 join()
const drawDiagram = () => {
  // 綁定 update 資料
  let rects = rangeSelect
    .selectAll("rect")
    .data(randomData)
    .join(
      (enter) =>
        enter
          .append("rect")
          .attr("width", (d) => d * 60)
```

```
        .attr("height", 40)
        .style("fill", "blue")
        .attr("x", (d, index) => 0)
        .attr("y", (d, index) => index * 60),
      (update) => update.attr("width", (d) => d * 60),
      (exit) => exit.remove()
    );
};
```

4.5 事件處理與呼叫方法

　　Selections 提供許多 API，除了「綁定資料」（Joining Data）這一個類型之外，還有「處理事件」（Handling Events）和「呼叫並使用方法」（Control Flow）等許多分類。

> 🔗 Handling Events
>
> - *selection*.on - add or remove event listeners.
> - *selection*.dispatch - dispatch a custom event.
> - d3.pointer - get the pointer's position of an event.
> - d3.pointers - get the pointers' positions of an event.

圖 4-40　handling-event APIs

> 🔗 Control Flow
>
> - *selectioh*.each - call a function for each element.
> - *selection*.call - call a function with this selection.
> - *selection*.empty - returns true if this selection is empty.
> - *selection*.nodes - returns an array of all selected elements.
> - *selection*.node - returns the first (non-null) element.
> - *selection*.size - returns the count of elements.
> - *selection*[Symbol.iterator] - iterate over the selection's nodes.

圖 4-41　control-flow APIs

　　「處理事件」（Handling Events）和「呼叫並使用方法」（Control Flow）這兩個分類中，有幾支 API 在繪製圖表時會經常使用，因此這裡也介紹一下。

selection.on(typenames[,listener [,options]])

selection.on() 這個方法主要用來增加或移除每個元素的監聽事件，在製作圖表的互動效果時很常用到。它可以帶入三個參數，分別是 typenames、listener 及 options：

- **typenames**：帶入該事件的名稱，例如：click、moseover 等。多個監聽事件可以用空格分開，如果想一次移除所有監聽事件，則可以帶入「.」。

- **listener**：帶入想綁定的方法。如果想移除該監聽事件，可以帶入 null。

- **options**：用來設定該事件的特性，例如：capturing、bubbling 等。

```
// HTML
<div class="selectionOn">HiHi</div>

// JS
const textToRed = (e) => {
  e.target.classList.add("fw-bold");
  e.target.style.color = "red";
};
d3.select(".selectionOn").on("click", textToRed);
```

selection.call(function[, arguments…])

selection.call() 這個方法是用來呼叫一次設定的方法，將方法套用到選定的 selection 上後，回傳這個 selection。它可以帶入兩個參數，分別是「設定的方法」及「任何想帶的資訊」，這個方法通常會用在繪製 XY 軸線，之後也會很常看到。範例如下：

```
// HTML
<div>
  金金永遠 <span class="fw-bold selectionCall"></span> 歲
</div>

// JS
const setAge = (selection, age) => {
```

```
    selection.text(age);
};
d3.select(".selectionCall").call(setAge, "19");
```

當有了以上這些 D3.js 提供的 API，我們就可以很方便地繪製圖表了。

05

資料匯入與整理

原始數據資料通常有各種格式與結構,如何匯入不同格式的資料,或是將結構各異的資料整理成想要的樣式,對於繪製圖表而言十分重要。

　　「視覺化圖表」的本意是將龐雜的數據以圖表來呈現，讓人更容易釐清這些數據資料的重點。

　　之前講到資料和 DOM 元素如何綁定的時候，我們使用的資料都是自己設定的簡單格式，但實務操作上，資料通常都是從後端提供的 API 或是從行銷人員、產品經理那裡提供的 Excel 檔案而來，這些資料的結構會更為複雜。

　　接下來，要介紹如何取得從不同地方而來的資料，以及該怎麼整理這些資料，把它變成圖表所需的結構。

5.1 公開資料平台

　　介紹如何使用 D3.js 取得不同檔案的資料之前，必須先有檔案才行，所以這裡筆者會介紹幾個不錯的公開資料平台。

🏆 政府資料開放平台

　　「政府資料開放平台」[1]是筆者最喜歡且認為很好用的公開資料平台，使用者可以根據自己想找的條件搜尋，每項資料後面也會標註提供什麼樣格式的檔案，使用起來非常方便。

※1　政府資料開放平台：https://data.gov.tw/。

圖 5-1 政府資料開放平台

各縣市政府資料開放平台

近幾年來，開放資料的風氣盛行，所以台灣各縣市政府大多也都有建立開放資料的平台，例如：台北市資料大平台 [2]、新北市政府資料開放平台 [3]，有興趣的人可以挑選自己想使用的市政府資料平台去查找資料。

中央氣象局 - 氣象資料開放平台

「中央氣象局-氣象資料開放平台」[4] 也是筆者很喜歡的網站，它的頁面設計佳、查找功能好用、提供不同格式的資料檔案，而且也包含最齊全的氣象資料，唯一的缺點是要先註冊登入才能拿到資料。

※2 台北市資料大平台：https://data.taipei/#/。

※3 新北市政府資料開放平台：https://data.ntpc.gov.tw/。

※4 中央氣象局 - 氣象資料開放平台：https://opendata.cwb.gov.tw/dataset/observation?page=1。

圖 5-2　氣象資料開放平台

5.2 匯入資料的 API

　　拿到想要的資料檔案後，接下來就是要怎麼把這些資料匯入程式中。D3.js 為了方便開發者取得不同來源的資料，針對不同的資料格式提供了不同 API 來供操作，以下來看幾種最常用的 API。

d3.json(input[,init])

　　這個是筆者最常用的 API，專門用來取得 JSON 檔案的資料，input 參數帶的是檔案 URL 位址。一般來說，繪製圖表時最常見使用的就是 API 回傳的 JSON 資料。

　　以下就以政府資料開放平台內提供的「新竹縣政府水資源回收中心每日排放量」來示範如何使用 d3.json() 匯入資料。

STEP/ 01 先找到「新竹縣政府水資源回收中心每日排放量」的 JSON 檔網址 [5]，接著使用 d3.json() 取得資料。

```js
// JS
const url = "https://ws.hsinchu.gov.tw/001/Upload/1/opendata/8774/1380/
            af80d954-d968-42a0-bc97-a2f801840b65.json";

const getJSONData = async () => {
  const resData = await d3.json(url); // 串接網址
  console.log("d3.json()",resData);
};
getJSONData();
```

STEP/ 02 這時打開控制板，會發現 Console 中出現紅字警告，Network 則出現 CORS 錯誤。

所謂的「CORS 錯誤」是瀏覽器設定的同源限制，基於安全性考量，所以程式碼發出的跨來源 HTTP 請求會受到限制，用以禁止不同網域的伺服器存取資料。

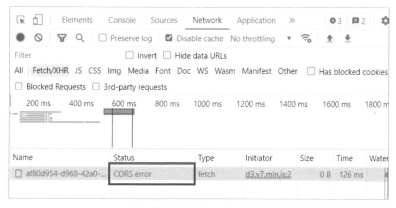

圖 5-3　CORS error

那要怎麼解決 COR 問題呢？這個問題在前端其實無法處理，通常是由後端加上 CORS header 來解決。如果讀者們使用 node.js 開發，或是有用其他前端框架寫 D3.js，筆者建議可以設定 proxy 來解決 CORS 問題。

※5　新竹縣政府水資源回收中心每日排放量的 JSON 檔：https://ws.hsinchu.gov.tw/001/Upload/1/opendata/8774/1380/af80d954-d968-42a0-bc97-a2f801840b65.json。

不過，由於這邊使用的是原生 JS 匯入 D3.js CDN 來練習製作圖表，而且也只需要取得資料就好，所以就用最簡單的方式，借助一些前人的肩膀了，這邊採用他人寫好的「heroku-cors-anywhere」[6] 方法來解決 CORS 的問題。

STEP/ 03 進入「heroku-cors-anywhere」官網的示範頁面[7]，雖然網站寫明這個方法只開放開發模式下使用，不過讓我們練習也很足夠了。使用方法也很簡單，先進到示範頁面中，然後按下「Request temporary access to the demo server」按鈕。

圖 5-4　**heroku-cors-anywhere demo**

STEP/ 04 直接將「heroku-cors-anywhere」設定好的網址加到想取得資料的網址之前，這樣就能順利取得資料。

```js
// JS
// 使用 CORS-AnyWhere 跨網域存取 API 資料
const cors = "https://cors-anywhere.herokuapp.com/";
const url = "https://ws.hsinchu.gov.tw/001/Upload/1/opendata/8774/1380/
            af80d954-d968-42a0-bc97-a2f801840b65.json";

const getCorsData = async () => {
  const dataGet = await d3.json(`${cors}${url}`); // 串接網址
  console.log("d3.json()", dataGet);
};
getCorsData();
```

※6　heroku-cors-anywhere：https://github.com/Rob--W/cors-anywhere。

※7　heroku-cors-anywhere 官網的示範頁面：https://cors-anywhere.herokuapp.com/corsdemo。

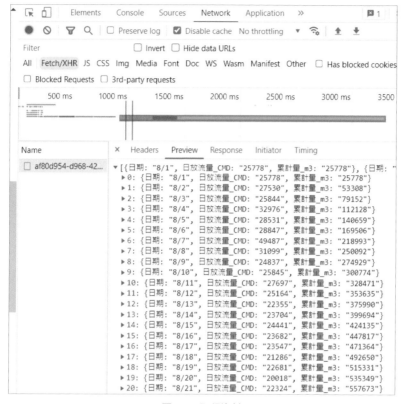

圖 5-5 **取得資料**

 說明　如果你的 JSON 資料檔案直接存放在程式碼的資料夾內，不需要透過呼叫 API 的方式取得，直接使用 d3.json(" 檔案路徑 ") 就好，不僅更方便，也不會遇到 CORS 的問題。

d3.csv(input[,init][,row])

另外一種很常見的資料格式是 CSV 檔案，D3.js 提供 d3.csv() 這個 API 來供大家使用。d3.csv()、d3.dsv()、d3.tsv() 等三個 API 的用法基本一樣，只是處理的資料檔案格式不同而已。這邊使用政府資料開放平台內提供的「COVID-19 各國家地區累積病例數與死亡數」[8] 來示範。

---

[8] COVID-19 各國家地區累積病例數與死亡數：https://data.gov.tw/dataset/120449。

STEP/ 01 先進到網站頁面,並下載資料開放平台提供的 CSV 檔案,把檔案存到自己的程式碼資料夾內。

圖 5-6　下載 csv 檔案

STEP/ 02 使用 d3.csv() 這個方法取得資料,這樣就能在 Console 中看到取得的資料了。

```
// 拿取 csv 資料
const getCsvData = async () => {
  const csvData = await d3.csv(
    "./data/covid19_global_cases_and_deaths.csv"
  );
  console.log("csvData", csvData);
};
getCsvData();
```

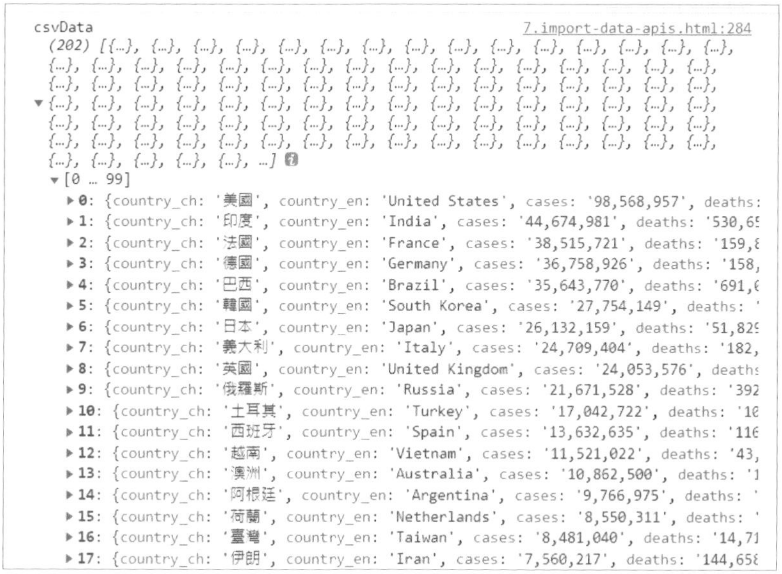

圖 5-7　**d3.csv 取得資料**

STEP/ 03 值得注意的是 d3.csv(url , init, function) 可以帶入三個參數，分別是「網址」、「順序」、「函式」，因此一樣可以使用函式參數來設定一些條件。例如：只想取得所有 country_ch 的值，設定如下，這樣就能抓出 country_ch 的值了。

```js
// JS
const getCsvSpecificData = async () => {
  const csvSpecificData = await d3.csv(
    "./data/covid19_global_cases_and_deaths.csv",
    (d) => d.country_ch
  );
  console.log("csv Specific Data", csvSpecificData);
};
getCsvSpecificData();
```

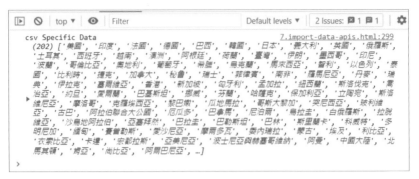

圖 5-8　d3.csv 設定條件資料

5.3 **資料整理**

到目前為止，我們知道要去哪些網站找開放的數據資料，也學會如何匯入資料，但很多時候資料的架構和我們要的不一樣，所以接著要介紹的就是如何把資料整理成想要的程式。

Array 分類

由於大多數的情況下，使用 D3.js 的 API 時都必須帶入陣列格式的資料，因此 D3.js 的 Arrays 這個分類也提供最多能協助整理資料的 API。以下來看看 Arrays 分類中包含的七個子項目：

Statistics（統計數據）

Statistics 用來運算基本的數據資料，常用的 API 有 d3.min、d3.max、d3.extent、d3.sum。

Search（尋找）

Search 用來搜尋陣列給指定的 DOM 元素使用，常用的 API 有 d3.ascending、d3.descending。

Transformations（改變結構）

Transformations 用來改變陣列並產生一個新的陣列，常用的 API 有 d3.merge、d3.range。

Iterables（迭代）

Iterables 常用的 API 有 d3.every、d3.some、d3.map、d3.filter、d3.sort。

Sets（數組）

Sets 比較多組資料集的交集 / 差集狀態，並根據使用的 API 回傳一個物件。

Histograms（直條圖）

Histograms 把離散的資訊變成連續、不重疊的整數，產生可以繪製直條圖的數據資料。

Interning

Interning 擴展原生 JS 的 Map 或 Set classes，允許 Dates 或物件型別的 keys 能通過 JS 的 SameValueZero 演算法。

Arrays 分類中的常用 API

由於 D3 Arrays 包含非常多 API，涵蓋幾乎所有陣列相關的資料處理，有興趣的讀者可以進入 D3 Arrays 官方文件 [9] 來查找想使用的功能。這裡筆者從上述七項分類中，挑選最常用到的一些 API 來介紹：

d3.min(iterable[,accessor])、d3.max(iterable[,accessor])

這兩個 API 分別用來取陣列中的最小值或最大值，第一個參數帶入想處理的陣列資料，第二個參數則可以帶入自訂的方法。

※9　D3 Arrays 官方文件：https://github.com/d3/d3-array/tree/v3.2.1。

這兩個 API 和 JS 的 Math.min、Math.max 的用法基本一樣，都是在一個陣列中找出最小值或最大值，但有一個細微的差異是，d3.min/max 會忽略掉 undefined、null 或 NaN 的值。我們直接看以下的範例：

```
const numberData = [7, 5, 1, 13, 55, 2, 64, null];
const minNumber = d3.min(numberData);
const maxNumber = d3.max(numberData);
console.log("min max number", minNumber, maxNumber); // 1, 64
```

要特別注意的是，這兩個方法只適用於比較「數字」。如果陣列中的內容是字串的話，D3.js 會使用 natural order 而非 numeric order 來排序，也就是說，字串會先被轉換成 UTF-16 code unit（介於 0~65535 的整數），接著再根據這個數值去比大小，最終結果很可能不如預期。

```
const stringData = ["狗", "貓", "羊", "豬"];
const minString = d3.min(stringData);
const maxString = d3.max(stringData);
console.log("min max stirng", minString, maxString);
// '狗' '貓'
```

d3.extent(iterable[,accessor])

這個 API 是超級方便且常用的方法，它會同時把資料中的最小值與最大值挑出來，並回傳成一個陣列。這個方法通常用於設定比例尺，下列的範例簡單示範如何使用，後續的「7.1 比例尺」章節會有更詳細的示範。

```
const extentData = [7, 5, 1, 13, 55, 2, 64, null];
const extent = d3.extent(extentData);
console.log("extent", extent); // [1, 64]
```

d3.sum(iterable[,accessor])

這個方法會把傳入的資料陣列都加總起來，並回傳加總的數值；如果資料陣列中沒有可以加總的數值的話（例如：全部都是字串），就會回傳0。

```
// 數字可以加總
const sumNumberData = [7, 5, 1, 13, 55, 2, 64, null];
const sum = d3.sum(sumNumberData);
console.log("sum number", sum); // 147

// 字串無法加總
const sumStringData = ["狗", "貓", "羊", "豬"];
const sumString = d3.sum(sumStringData);
console.log("sum string", sumString); // 0
```

d3.every(iterable, test)

這個API被歸在Iterables分類，而Iterables這一類的API基本上都要帶入兩個參數，這點要特別注意。

d3.every會遍歷資料陣列，確認陣列內的值是否全都符合條件。它和JS的array.every很相似，也一樣需要帶入兩個參數：d3.every(資料, 方法)，帶入的方法會遍歷帶入的資料陣列，如果陣列內的每個數都符合設定的條件，就會回傳true；如果其中任何一個數不符合條件，則會回傳false。

```
const everData = [7, 5, 1, 13, 55, 2, 64];
const isAllIntegersBiggerThanTwenty = d3.every(everData, (d) => d > 20);
console.log("every >20", isAllIntegersBiggerThanTwenty);
// false
```

說明

每次遇到新的API時，筆者都會先去查官方文件的資料，確認是否有必須帶入的參數。像是d3.every(iterable, test)有兩個參數，而且這兩個參數都沒有用[ ]括起來，表示必須填入的參數不能省略，只要沒帶入就會報錯。

d3.some(iterable, test)

這個方法和 d3.every 一樣要帶入兩個參數，但用法剛好相反：帶入的這個方法會遍歷資料陣列，如果陣列內的任一資料符合設定的條件，就會回傳 true；如果全部都不符合，則會回傳 false。

```js
// JS
const someData = [7, 5, 1, 13, 55, 2, 64];
const isAllDataBiggerThanTen = d3.some(someData, (d) => d > 10);
console.log("some >10", isAllDataBiggerThanTen); // true
```

d3.filter(iterable, test)

這個方法和 array.filter 很相似，一樣是帶入兩個參數，並且在帶入的方法內設定條件後，會遍歷資料陣列，並回傳所有符合條件的資料。

```js
// JS
const filterData = [7, 5, 1, 13, 55, 2, 64];
const filter = d3.filter(filterData, (d) => d > 10);
console.log("filter", filter); // [13, 55, 64]
```

d3.sort(iterable, ...accessors)

這個方法用來整理並排序陣列中的資料，會將資料陣列按照條件排序。它一樣要帶入資料和方法兩個參數，比較特別的是如果參數沒有帶入方法的話，d3.sort 就會自動使用 d3.ascending 當作它的參數，並按照 d3.ascending 的方法由小到大排序陣列。

```js
const sortData = [7, 5, 1, 13, 55, 2, 64, null];
const sort = d3.sort(sortData);
console.log("sort", sort); // [1, 2, 5, 7, 13, 55, 64, null]
```

陣列最常用的方法就介紹到這邊，接著再來看看另一個類型。

Time Formats 分類

除了整理陣列資料之外，有時圖表需要呈現一些日期、時間等數據資料，這時就要使用「轉換日期或時間」的 API。筆者認為時間或日期的轉換實在複雜，還好 D3.js 提供內建的 API 來使用，讓我們方便不少。

同樣的，我們來看看 Time Format 的官方文件以及這個分類所包含的 API，如圖 5-9 所示。

Time Formats (d3-time-format)

Parse and format times, inspired by strptime and strftime.

- d3.timeFormat - alias for *locale*.format on the default locale.
- d3.timeParse - alias for *locale*.parse on the default locale.
- d3.utcFormat - alias for *locale*.utcFormat on the default locale.
- d3.utcParse - alias for *locale*.utcParse on the default locale.
- d3.isoFormat - an ISO 8601 UTC formatter.
- d3.isoParse - an ISO 8601 UTC parser.
- *locale*.format - create a time formatter.
- *locale*.parse - create a time parser.
- *locale*.utcFormat - create a UTC formatter.
- *locale*.utcParse - create a UTC parser.
- d3.timeFormatLocale - define a custom locale.
- d3.timeFormatDefaultLocale - define the default locale.

圖 5-9　**Time Formats API**

眼尖的讀者應該會發現大部分的 API 描述都寫著「alias for XXX on the default local.」，這是因為 D3.js 版本 3 以前的版本是用 locale 這個 API 來處理日期、時間、語言的轉換，而版本 4 之後將它重新改名變成 Time Formats 系列，但它們其實是一樣的方法。

以下介紹幾個常用的 Time Formats API，有其他需求的讀者可以直接進到 Time Formats 官方文件[10] 來查找自己想使用的方法。

※10 Time Formats 官方文件：https://github.com/d3/d3-time-format/tree/v4.0.0。

d3.timeParse(specifier)

這個方法是 D3.js 用來處理時間格式的 API，能將日期等資訊轉換成 D3.js 看得懂的數值。只要是和時間、日期相關的圖表，都要用這個方法先把資料轉換成 D3.js 能讀懂、能夠去計算的數值，之後才能去建立圖表，其通常都是用在設定圖表的比例尺（scale）或範圍（domain）。

d3.timeParse() 本身是一個方法，呼叫它時要帶入特定的參數 specifier（說明字符），這個說明字符用來說明要處理的資料是什麼格式，接著 d3.timeParse() 會回傳一個 parser（方法），我們再使用這個回傳的 parser 帶入日期資料為參數。實際運作如下：

```
const timeData = "2023-03-07";
const timeParse = d3.timeParse("%Y-%m-%d");
console.log("timeParse", timeParse(timeData));
// Tue Mar 07 2023 00:00:00 GMT+0800（台北標準時間）
```

說明　由於 d3.timePase() 會回傳一個方法以供使用，也可以將程式碼簡寫成以下這樣：

```
d3.timeParse("%Y-%m-%d")("2023-03-07")
// Tue Mar 07 2023 00:00:00 GMT+0800（台北標準時間）
```

等於直接呼叫回傳的方法，並帶入參數。這樣的寫法在 D3.js 程式碼中很常見，只要是回傳方法的 API 都適用。

要注意的是 parser 對於帶入的參數資料要求很嚴格，帶入的資料必須完全符合先前設定的 specifier（說明字符），否則就會回傳 null。例如：如果說明字符設定的是「d3.timeParse ('%Y/%m/%d')」，資料格式也必須是「2023/03/07」。

至於說明字符可以帶入哪些設定呢？locale.format 官方文件[11] 提供詳盡的設定，有需要的讀者可以自行查找。下列表格內容是筆者常用的設定（按常用順序排列，請留意大小寫有區別）：

※11 locale.format 官方文件：https://github.com/d3/d3-time-format/blob/v3.0.0/README.md#locale_format。

參數	說明
%Y	西元年。
%y	西元年最末的兩位數。
%m	一年的某一個月（01~12）。
%d	一月的某一天（1~31）。
%j	一年的某一天（001~366）。
%B	月份。
%b	月份的縮寫。
%A	星期幾。
%a	星期幾的縮寫。

d3.timeFormat(specifier)

d3.timeFormat() 的寫法和 d3.timeParse() 的寫法基本相同，只是作用剛好相反。d3.timeFormat() 是把 D3.j 處理的數值轉成我們看得懂的文字，通常會用在繪製軸線（axis）、標示刻度（ticks）時使用。

不過，d3.timeFormat() 和 d3.timeParse() 還是些微有差異，兩者不同的地方在於，d3.timeFormat() 可以自行設定轉換後日期的顯示格式，所以就不用按照原始資料的日期格式來進行參數配置。直接看例子：

```
// d3.timeParse
const timeData = "2023-03-07";
const timeParse = d3.timeParse("%Y-%m-%d");
console.log("timeParse", timeParse(timeData));

// d3.timeFormat
// 轉換後想變成用 "/" 分隔
const timeFormat = d3.timeFormat("%Y/%m/%d");
console.log("timeFormat", timeFormat(parsedData));
// 2023/03/07
```

關於 Time Formats 的方法，目前了解這樣就足以應付大部分需求，後續介紹軸線與刻度時，會有實際的應用。

 Number Formats 分類

Number Formats 這個分類專門用於處理數字格式的轉換。其實，數字基本上並不需要經過特殊處理，就能直接使用在 d3.js 的 API 中，但如果希望呈現特定的數字格式，就可以用 Number Formats 提供的 API 進行處理。

Number Formats 的 API 如圖 5-10 所示。

Number Formats (d3-format)

Format numbers for human consumption.

- d3.format - alias for *locale*.format on the default locale.
- d3.formatPrefix - alias for *locale*.formatPrefix on the default locale.
- *locale*.format - create a number format.
- *locale*.formatPrefix - create a SI-prefix number format.
- d3.formatSpecifier - parse a number format specifier.
- new d3.FormatSpecifier - augments a number format specifier object.
- d3.precisionFixed - compute decimal precision for fixed-point notation.
- d3.precisionPrefix - compute decimal precision for SI-prefix notation.
- d3.precisionRound - compute significant digits for rounded notation.
- d3.formatLocale - define a custom locale.
- d3.formatDefaultLocale - define the default locale.

圖 5-10　**Number Formats API**

雖然 D3.js 提供不少 API 用來處理數字，不過筆者繪製圖表時實際用到的並不多，偶爾會用到的就是 d3.format()，並且通常是處理軸線時使用。

d3.format(specifier)

Number Format 系列和 Time Format 很相似，在版本 3 以前都是歸類在 local 分類之下，因此如果讀者們去查官方文件，會被指引到 local.format 的頁面。

d3.format() 一樣要帶入 specifier（說明字符）爲參數，塡入欲設定的數字格式，接著 d3.format() 會回傳一個新的數字格式方法，透過這個方法就能將資料轉成我們想要的格式。

至於哪些參數分別代表什麼樣的格式呢？如果想知道詳細參數設定，可以參考 locale.format 的官方文件[12]，以下列出幾個最常用的格式：

參數	說明	範例
d	回傳這個數字的字串格式，並忽略任何小數點後的數字。	d3.format('d')(12.35)
g	指定位數。	d3.format('2g')(120)
f	指定小數點後的位數。	d3.format('.2f')(3.14159)

要注意的是這個數字格式方法只接受數字爲參數，並且會將處理好的資料回傳爲字串格式。以下範例是將十進位制的數字 10 轉換爲二進位制的數值：

```js
// JS
const numberFormat = d3.format("b"); // 參數 b 指二進位制
const binaryNumber = numberFormat(10)
console.log("format", binaryNumber); // '1010'
```

Random Numbers 分類

最後來看偶爾會用到的 Random Numbers 分類，這類方法主要用來快速產生一些亂數以供使用。Random Numbers 官方文件一樣提供了許多 API，有興趣的讀者則可以去 Random Numbers 官方文件[13]查找，以下則介紹筆者最常用到的 Random Numbers API。

※12 locale.format 官方文件：https://github.com/d3/d3-format/blob/v3.0.1/README.md#locale_format。

※13 Random Numbers 官方文件：https://github.com/d3/d3/blob/main/API.md#random-numbers-d3-random。

d3.randomInt([min][,max])

　　d3.randomInt() 方法會回傳一個隨機的整數，同時也提供兩個參數：「最大值」與「最小值」，能讓我們設定回傳的隨機整數要介於哪些數值之間。不過，這兩個參數都是可有可無，所以也可以不帶入。如果沒有設定最小值，則最小值就預設為 0。

```js
// JS
const randomNum = d3.randomInt(50, 100)();
console.log("randomNum", randomNum); // 隨機數字
```

　　本章介紹了 D3.js 實用的匯入和整理資料方法，當然 D3.js 還提供更多 API 能處理不同需求，礙於篇幅而無法全部解說，有興趣的讀者可以自行參考 D3.js 官方文件[14]。

※14 D3.js 官方文件：https://github.com/d3/d3/blob/main/API.md。

06

繪製圖形的
Helper Function

看完前幾個章節，我們已經了解 D3.js 如何將資料與
DOM 元素綁定，並把資料視覺化，也知道如何將資料整
理成想要的內容，接下來就來看看 D3.js 運用哪些 API 來
建構圖形。

看到這裡，讀者心裡可能會有個疑問：「不是用 SVG 去建構圖形就好嗎？爲什麼 D3.js 還要設計其他建構圖形的 API 呢？」那是因爲 SVG 提供的內建幾何圖形，例如：圓形、矩形、線條、路徑等，其實只是小小的集合，一張完整圖表是由幾百個這些小元件組成的複雜集合，如果只使用 SVG 提供的圖形，就需要很辛苦地一個一個建立圖形，才能完成一張圖表。爲了省去這個麻煩，D3.js 建立了很多不同的 API 來協助使用者建構複雜圖形、圖表，這些 API 便被稱爲「Helper Functions」。

這些用來協助繪製圖形的 Helper Functions，可以依照使用的資料複雜度與產生出來的結果劃分爲三大類：

- **Generators**：接收陣列類型的資料，產生 <path> 的 d 標籤路徑。
- **Components**：接收方法類型的資料，產生 DOM 元素。
- **Layouts**：接收完整資料集，產生整張圖表。

這三類 Helper Functions 接收的資料不同，也使用不一樣的 API 來建立圖形，下面筆者整理出一張簡潔的圖表，以協助區分它們的不同，如圖 6-1 所示。

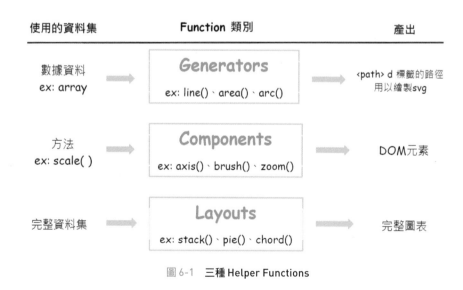

圖 6-1　三種 Helper Functions

接著，就來分別介紹這三類 Helper Functions 吧！

6.1 Generators

這一類的 API 們是 D3.js 裡面最基本的方法，主要是使用基礎的資料集（如 array、number 等）來產生繪製 <path> 需要的命令列字串 d。

前面介紹 SVG 繪製路徑的章節有提到，如果想使用 <path> 繪製一條線的話，需要透過 d 屬性與屬性值去設定這條線的位置：

```
<path
  d="M50 20 C80 90,40 200,250,100"  // <== 就是這個傢伙
  stroke="black"
  fill="none"
  stroke-width="2"
/>
```

但 d 屬性值這一大串英文加上數字，很難用人工去自行換算，因此就要藉助 D3.js 提供的 API 來計算。

Lines

Line Generators 用來產生直線或折線，它包含 d3.line 這種能繪製一般線段的 API，或是 d3.lineRadial 繪製放射線段的 API，以及它們旗下的一些 API，如圖 6-2 所示。

Lines

A spline or polyline, as in a line chart.

- d3.line - create a new line generator.
- *line* - generate a line for the given dataset.
- *line*.x - set the *x* accessor.
- *line*.y - set the *y* accessor.
- *line*.defined - set the defined accessor.
- *line*.curve - set the curve interpolator.
- *line*.context - set the rendering context.
- *line*.digits - set the output precision.

圖 6-2　**Lines**

- d3.lineRadial - create a new radial line generator.
- *lineRadial* - generate a line for the given dataset.
- *lineRadial*.angle - set the angle accessor.
- *lineRadial*.radius - set the radius accessor.
- *lineRadial*.defined - set the defined accessor.
- *lineRadial*.curve - set the curve interpolator.
- *lineRadial*.context - set the rendering context.
- *lineRadial*.digits - set the output precision.

圖 6-2　**Lines（續）**

我們來看折線圖最常用到的 d3.line()。

d3.line([x][,y])

d3.line() 這個 API 會建構並回傳一個線段產生方法（line generator），它可以帶入參數 x、y 來設定相對應的位置，且這兩個參數可以是數字或是方法。

由於 d3.line() 這個函式裡面還包含不同的函式，例如：line.x()、line.y()、line.curve()，用來處理線段的 X、Y 座標及線段弧度等，因此如果不想要直接在 d3.line() 帶入 x、y 參數，也可以改用 line.x()、line.y() 的方式來設定 X、Y 的座標位置，下列範例便是採用這個方式：

```
// 設定繪製線段的的方法
const drawLine = d3.line()
                   .x((d) => d.x)  // 設定 x 值要抓哪項資料
                   .y((d) => d.y); // 設定 y 值要抓哪項資料
```

STEP/ 01　這裡使用 drawLine 這個變數去承接 d3.line() 回傳的方法，如果將 drawLine 印出來，可以看到 Console 中會出現一串設定好的方法，如圖 6-3 所示。

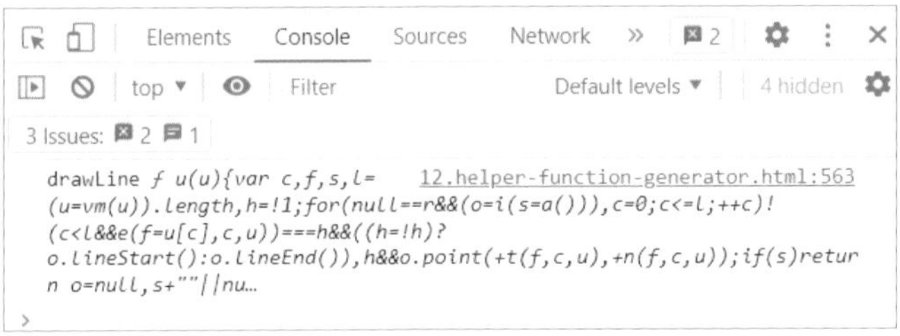

圖 6-3　d3.line line-generator

STEP/ 02 只要使用這個方法，並帶入資料集，就能產生 d 屬性值。

```js
// JS
const lineData = [
  { x: 50, y: 180 },
  { x: 50, y: 100 },
  { x: 200, y: 100 },
  { x: 200, y: 20 },
  { x: 400, y: 20 },
];
```

```js
console.log(drawLine(lineData));
// 帶入要換算的資料，得到路徑為 "M30,180L50,100L200,100L200,20L400,20"
```

STEP/ 03 一樣用 d3.select() 選定 DOM 元素，並且增加一個 <path> 元素，之後設定 d 屬性，
並套用產生出的 d 屬性值，就能繪製出根據資料產生的線段。

```html
// HTML
<svg id="lineWrapper"></svg>
```

```js
// JS
d3.select("#lineWrapper")
  .append("path")
  .attr("d", drawLine(lineData))
  .attr("stroke", "black")
  .attr("stroke-width", "2")
  .attr("fill", "none");
```

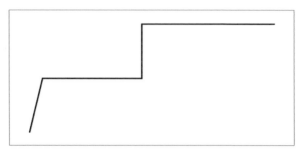

圖 6-4　**d3.line 畫面**

是不是很簡單呢？ Generator 這類的方法會把資料換算成繪製 SVG 需要的數值。這一類常見 API 除了 Lines 之外，還包含 Areas、Curves、Links、Arcs、Symbol 等其他子項目，都是將資料換算並產出繪製路徑需要的 d 屬性值，再將屬性值套到 DOM 元素上繪製線段。我們再來多看幾個 Generator 的範例。

 Areas

Areas Generator 會建構能組成區域的路徑，使用者能用來繪製地圖區塊、幾何圖形等。它和 Lines Generator 有點相似，但主要的差別在於 Areas Generator 產生的是線段閉合的區域，Lines Generator 則是產生未閉合的線段。Areas 類型的 API 包含主要兩項：d3.area 及 d3.areaRadial，分別用來繪製區域或徑域，其中又以 d3.area 比較常見。

d3.area([x][,y0][,y1])

d3.area() 會建構一個區域路徑產生方法（area generator）並回傳，它可以帶入三個參數來設定位置：

● **x**：用來設定 X 軸頂線與底線座標。

● **y0**：用來設定 Y 軸底線座標，亦即從哪個 Y 座標後開始繪製區域。

● **y1**：用來設定 Y 軸頂線座標。

但其實這三個參數只是基礎版設定，如果不想帶參數，也可以改用 d3.area() 內含的特有方法來處理座標與區域範圍，這些方法包含：

方法	用途
area.x ([x])	設定 x 頂線與底線座標，預設底線 (x0) 為帶入的 x 參數，頂線 (x1) 則為 null。
area.x0 ([x])	用來設定 X 軸底線座標，亦即從哪個 X 座標後開始繪製區域。
area.x1 ([x])	用來設定 X 軸頂線座標。
area.y ([y])	設定 Y 座標，預設 y0 為帶入的 y 參數，y1 則為 null。
area.y0 ([y])	用來設定 Y 軸頂線座標。
area.y1 ([y])	用來設定 Y 軸底線座標，亦即從哪個 Y 座標後開始繪製區域。

看完還一頭霧水嗎？沒關係，我們直接看下列的範例：

```
const areaData = [{ x: 50, y: 100 },{ x: 200, y: 100 }];
const drawArea = d3.area()
                   .x0((d) => d.x)
                   .y0((d) => d.y)
                   .x1(null);
                   .y1(null);
```

STEP/ 01 程式碼中有一個資料集「areaData」，內含兩組資料分別包含 x 和 y 數值，我們以
d3.area() 的方法來繪製區域，並把 area.x0 和 area.y0 分別帶入資料的 x、y 值，然
後 area.x1 和 area.y1 都給空值 null，繪製出來的圖形會是簡單的一條點對點直線，
沒有涵蓋任何區域，如圖 6-5 所示。

圖 6-5　d3.area 畫面

STEP/ 02 如果改將 area.x1 的數值設定為「20」。

```
const areaData = [{ x: 50, y: 100 },{ x: 200, y: 100 }];
const drawArea = d3.area()
                    .x0((d) => d.x)
                    .y0((d) => d.y)
                    .x1(20);
                    .y1(null);
```

STEP/ 03 這時可以看到這條直線會改從 X 軸是 20 的地方開始繪製，代表設定 X 軸頂線的範圍，如圖 6-6 所示。

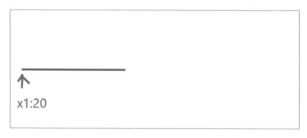

圖 6-6　**d3.area x1 畫面**

STEP/ 04 如果改成將 area.y1 的數值設定為「20」。

```
const areaData = [{ x: 50, y: 100 },{ x: 200, y: 100 }];
const drawArea = d3.area()
                    .x0((d) => d.x)
                    .y0((d) => d.y)
                    .x1(null);
                    .y1(20);
```

STEP/ 05 這時會看到圖形的範圍從 y1 設定的「20」位置，一路繪製到 y0 設定的 Y 座標位置，並產生出一個長方形區塊，如圖 6-7 所示。

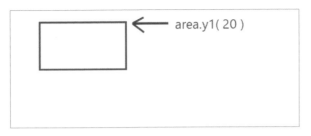

圖 6-7　d3.area y1 畫面

STEP/ 06 那如果同時把 x1 和 y1 都設定為「20」。

```
const areaData = [{ x: 50, y: 100 },{ x: 200, y: 100 }];
const drawArea = d3.area()
                   .x0((d) => d.x)
                   .y0((d) => d.y)
                   .x1(20);
                   .y1(20);
```

STEP/ 07 這時就會從 X 座標與 Y 座標均為 20 的地方開始，一路繪製到原先設定的線段，並形成一個圖形區域，如圖 6-8 所示。

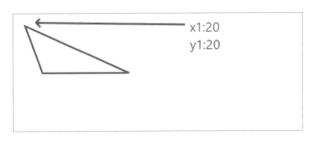

圖 6-8　d3.area x1 y1 畫面

　　如此一來，就很清楚知道如何使用 d3.area 以及它旗下的 API 了，但要注意的是 area.x1 的值可以省略不設定，area.y1 卻不行，至少要設定為空值，不然會無法繪製出區域形狀，接著來看一個完整的範例。

STEP/ 01 範例中有一組名為「areaData」的資料集，我們使用 d3.area 來設定繪製圖形區域的方法，並用 deawArea 的變數承接 d3.area 回傳的方法，最後再把 areaData 資料集帶入 deawArea 這個方法，並印出 Console 來瞧瞧，就能看到所得到的路徑數值。

```
const areaData = [
  { x: 30, y: 180 },
  { x: 50, y: 100 },
  { x: 200, y: 100 },
  { x: 200, y: 20 },
  { x: 400, y: 20 },
];
const drawArea = d3.area()
                    .x((d) => d.x)
                    .y1((d) => d.y)
                    .y0(10);


console.log(drawArea(areaData));
// 帶入要換算的資料，得到路徑為
// M30,180L50,100L200,100L200,20L400,20L400,10L200,10L200,10L50,10L30,10Z
```

STEP/ 02 接著把這個數值綁到選定的 DOM 元素身上，就能看到繪製出來的區域了。

```
// HTML
<svg id="areaWrapper"></svg>

// JS - 繪製區域
d3.select("#areaWrapper")
  .append("path")
  .attr("d", drawArea(areaData))
  .attr("stroke", "blue")
  .attr("stroke-width", "3")
  .attr("fill", "rgba(31, 211, 225, 0.2)");
```

這邊只是 d3.area 基礎的介紹和使用，等到第 7 章中與比例尺、軸線等其他方法結合後，就可以繪製出類似圖 6-9 所示的圖表，是不是很好看呢？

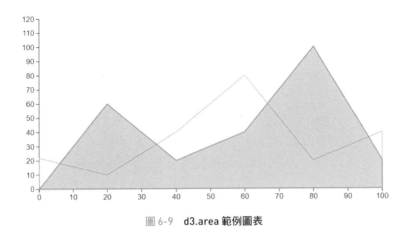

圖 6-9　**d3.area 範例圖表**

Curves

Curves Generator 是用來繪製曲線的方法，有些圖表需要用平滑的曲線呈現，這時就可以藉助 Curves Generator 來產出弧度。它主要是與前面提到的 d3.line() 及 d3.area() 方法搭配使用，d3.line() 與 d3.area() 都有設定曲線的方法：line.curve() 與 area.curve()，只要在 curve() 的參數中帶入 D3.js 設定好的曲線即可。

```
// CurveBasis
const drawLineCurveBasis = d3
    .line()
    .curve(d3.curveBasis)
    .x((d) => d.x)
    .y((d) => d.y);
```

至於 D3.js 有哪些設定好的曲線呢？Curves 官方文件[1] 有提供全部的 API 及範例，讀者們可以自行挑選想使用的曲線。

※1　Curves 官方文件：https://github.com/d3/d3-shape/blob/v3.2.0/README.md#curves。

𝒫 Curves

While lines are defined as a sequence of two-dimensional [*x*, *y*] points, and areas are similarly defined by a topline and a baseline, there remains the task of transforming this discrete representation into a continuous shape: *i.e.*, how to interpolate between the points. A variety of curves are provided for this purpose.

Curves are typically not constructed or used directly, instead being passed to *line*.curve and *area*.curve. For example:

```
const line = d3.line(d => d.date, d => d.value)
    .curve(d3.curveCatmullRom.alpha(0.5));
```

d3.**curveBasis**(*context*) · Source

basis

圖 6-10　**d3.curve 官方文件**

本書範例網站中，筆者也把常用的曲線放在一起比較，可供讀者們快速尋找，如圖 6-11 所示。

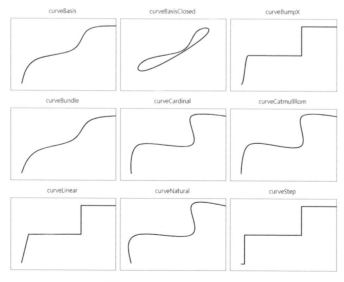

圖 6-11　**d3.curve examples**

Arcs

再來看到另一個 Generator 中很用到的 API：d3.arc()，它主要是用來畫圓弧線，通常會和 d3.pie() 一起使用來繪製圓餅圖，它也能搭配其他 API 來畫另外一種很酷炫的圖，猜得到是什麼圖表嗎？就是如圖 6-12 所示的汽車儀表板。

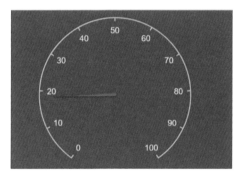

圖 6-12　d3.arc dashboard

是不是很酷呢？我們來看看要怎麼使用 d3.arc 繪製圓弧形。Arcs 分類旗下包含許多 API，用來設定弧形的內半徑、外半徑、起始角度、結束角度等，如圖 6-13 所示。

Arcs

Circular or annular sectors, as in a pie or donut chart.

- d3.arc - create a new arc generator.
- *arc* - generate an arc for the given datum.
- *arc*.centroid - compute an arc's midpoint.
- *arc*.innerRadius - set the inner radius.
- *arc*.outerRadius - set the outer radius.
- *arc*.cornerRadius - set the corner radius, for rounded corners.
- *arc*.startAngle - set the start angle.
- *arc*.endAngle - set the end angle.
- *arc*.padAngle - set the angle between adjacent arcs, for padded arcs.
- *arc*.padRadius - set the radius at which to linearize padding.
- *arc*.context - set the rendering context.
- *arc*.digits - set the output precision.

圖 6-13　d3.arc 官方文件

d3.arc()

　　d3.arc() 會以預設的設定建構並回傳一個新的圓弧線產出方法，如果想設定弧線的細節，可以用以下幾個 d3.arc() 包含的 API 來處理。

API	用途
arc.innerRadius	設定內圈半徑。
arc.outerRadius	設定外圈半徑。
arc.startAngle	設定起始角度。
arc.endAngle	設定終點角度。

　　繪製圓弧形有幾個重點要注意：

- 弧形的中心點永遠是 [0, 0]，亦即畫面左上角，如果想移動弧形，要用 transform 處理。

- 弧形的角度是由 arc.startAngle() 和 arc.endAngle() 控制。當終點角度減掉開始角度後，如果度數大於或等於 τ（即 2π）時，就會形成一個完整的圓形。

- arc.startAngle() 起始角度從指針 12 點鐘方向開始，順時針畫圓弧。

- d3.pie() 這個 API 會將資料集換算成 d3.arc() 需要的開始角度與終點角度，所以 d3.arc() 通常和 d3.pie() 搭配使用。

提示　　τ 是角度的測量單位，一單位是 360 度角，等於弧度 2π。

　　了解這些之後，我們直接來看範例：

STEP/ 01　一樣先設定繪製圓弧形的方法，將內圈半徑設定為「80」，外圈半徑設定為「90」，讓圓形有個邊框的感覺；接著，將開始角度設定為「0」，讓圓弧形從最上方十二點鐘方向開始順時針繪製；然後將終點角度設定為「1π」，預計畫一個半圓。

```
const drawArc = d3.arc()
            .innerRadius(80) // 內圈半徑 80
            .outerRadius(90) // 內圈半徑 90
```

```
          .startAngle(0)
          .endAngle(Math.PI);
```

STEP/ 02 接著一樣是選定 DOM 元素後，將 d3.arc() 產生的路徑數值加上去。另外，由於圓弧形的圓心是在 [0, 0] 的位置，因此要用 transform 將圓心移至畫面中央，才能完整呈現繪製的圓弧形。

```
// HTML
<svg id="arcWrapper" width="500" height="200"
  style="border: 1px solid rgb(96, 96, 96)">
</svg>


d3.select("#arcWrapper")
  .append("g")
  // 把整個圓弧中心點移動到畫面正中的位置
  .attr("transform", "translate(250,100)")
  .append("path")
  .attr("d", drawArc)
  .attr("stroke", "blue")
  .attr("fill", "blue");
```

圖 6-14　**d3.arc 半圓畫面**

STEP/ 03 如果想繪製像儀表板一樣的圓弧形的話，只需要調整開始角度與終點角度的數值就可以了，這樣就能讓圓弧形的開口在下方。

```
const drawArc = d3.arc()
                  .innerRadius(80) // 內圈半徑 80
                  .outerRadius(90) // 內圈半徑 90
```

```
.startAngle(Math.PI * 1.2)
.endAngle(Math.PI * 2.8);
```

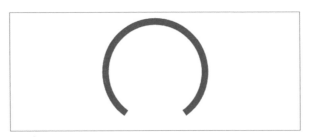

圖 6-15　**d3.arc 儀表板畫面**

6.2　Components

再來講講第二類 Helper Functions：Components。上面提到 Generators 只建立給 <path> 用的 d 命令指令，而 Components 則完全相反。這一大類 API 們會使用回傳的方法建立一整組圖形物件，提供給特定圖表使用。

Axes

以 Components 中最常使用的軸線（Axes）分類來說明。Axes 旗下的 API 們主要用來繪製軸線，它們會回傳軸線繪製的方法，並根據傳入的比例尺去繪製出 <line>、<path>、<g> 與 <text> 等一堆元素，一起組成一整組軸線，而不僅僅是回傳單一數值。

一樣先到官方文件來看看 Axes 提供哪些 API 可以使用，如圖 6-16 所示。

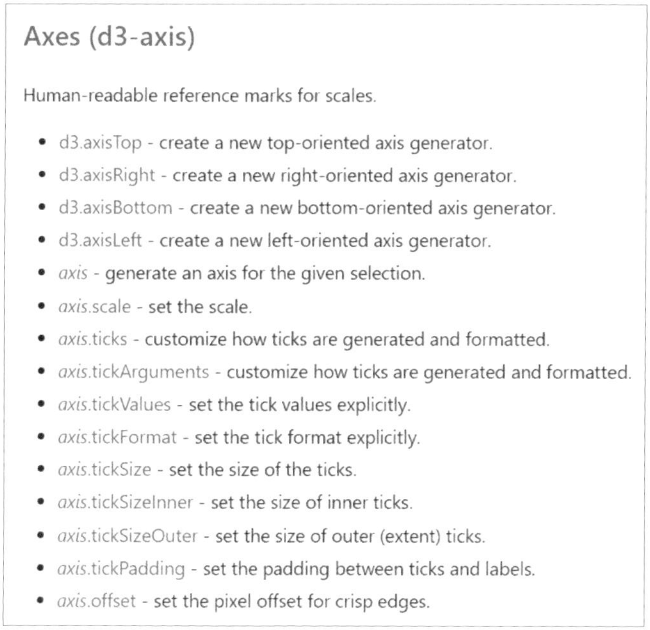

Axes (d3-axis)

Human-readable reference marks for scales.

- d3.axisTop - create a new top-oriented axis generator.
- d3.axisRight - create a new right-oriented axis generator.
- d3.axisBottom - create a new bottom-oriented axis generator.
- d3.axisLeft - create a new left-oriented axis generator.
- *axis* - generate an axis for the given selection.
- *axis*.scale - set the scale.
- *axis*.ticks - customize how ticks are generated and formatted.
- *axis*.tickArguments - customize how ticks are generated and formatted.
- *axis*.tickValues - set the tick values explicitly.
- *axis*.tickFormat - set the tick format explicitly.
- *axis*.tickSize - set the size of the ticks.
- *axis*.tickSizeInner - set the size of inner ticks.
- *axis*.tickSizeOuter - set the size of outer (extent) ticks.
- *axis*.tickPadding - set the padding between ticks and labels.
- *axis*.offset - set the pixel offset for crisp edges.

圖 6-16　**axes 官方文件**

最主要的 API 有四個：

- **d3.axisTop**：繪製刻度朝上的軸線。
- **d3.axisRight**：繪製刻度朝右的軸線。
- **d3.axisBottom**：繪製刻度朝下的軸線。
- **d3.axisLeft**：繪製刻度朝左的軸線。

這四個 API 都會回傳一個繪製軸線的方法（axis generator），這個方法能將比例尺的資料轉換成人類看得懂的文字。當我們想使用 D3.js 建立圖表時，要先使用換算比例尺的方法將數據資料換算成符合比例、能夠讓 D3.js 讀懂的數值，接著才能把這些數值轉換成圖表。而 axis generator 主要任務就是把比例尺換算好的數值轉成人類看得懂的文字，最後繪製成軸線。

實際來看看範例，會更清楚怎麼使用 Axes：

STEP/ 01 畫面上有一組資料，使用這組資料繪製出一條 X 軸線。

```
const data = [
  { x: 10, y: 100 },
  { x: 20, y: 100 },
  { x: 30, y: 100 },
  { x: 90, y: 20 },
  { x: 220, y: 10 },
];
```

STEP/ 02 將 X 軸線要使用的資料抓出來整理成陣列；接著設定比例尺，後續「7.1 比例尺」的章節會再詳細介紹比例尺的知識，這裡只要先看過就好。再來，使用 d3.axisBottom() 來繪製刻度向下的 X 軸線，並把先前設定好的比例尺帶入。

```
// 抓出 X 軸要使用的資料
const xData = data.map((i) => i.x);

// 設定 X 軸的比例尺與繪製範圍
const xScale = d3
  .scaleLinear()
  .domain([0, d3.max(xData)])
  .range([10, 290]);

// 使用 xScale 的設定，繪製刻度 (ticks) 朝下的軸線
const xAxis = d3.axisBottom(xScale);
```

STEP/ 03 此時，d3.axisBottom() 會回傳繪製軸線的方法，如果想將這個方法套用到綁定的元素身上，就要使用之前提過的 d3.call() 方法來呼叫繪製軸線的方法，如此就能畫出一條寫有刻度的 X 軸線了。

```
// 繪製軸線
d3.select(".axis")
  .append("g")
  .call(xAxis)
```

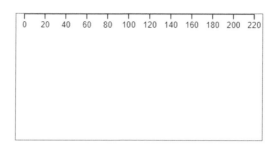

圖 6-17　**d3.axisBottom 畫面①**

看到畫出來的軸線有沒有覺得很奇怪？X 軸線應該要在下方才對。別著急，之前提過 SVG 的原點都在左上角，依序由上至下、由左至右建構圖形，所以這邊的 X 軸在上方也是合情合理。那要怎麼把它導邪歸正，做回一條正常的 X 軸線呢？一樣要派 transform 上場。

STEP/ **04** 透過調整 transform 的數值，就能將 X 軸移動到任何想要的位置上，這樣就得到了一條正常的 X 軸線。

```
// 繪製軸線
d3.select(".axis")
  .append("g")
  .call(xAxis)
    // 調整 X 軸位置
  .attr("transform", "translate(0,130)");
```

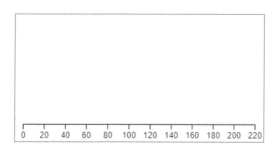

圖 6-18　**d3.axisBottom 畫面②**

STEP/ 05 此時，如果點開檢查面板，會看到這個軸線是由一堆 <g>、<path> 等元素組成，這個就是 components 這一類的 Helper Function 協助產生的元件。

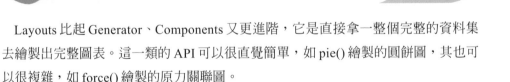

```
▼<svg style="border: 1px solid rgb(96, 96, 96)" class="axis">
  ▼<g fill="none" font-size="10" font-family="sans-serif" text-anchor="middle"
    transform="translate(0,130)"> == $0
    <path class="domain" stroke="currentColor" d="M10,6V0H290V6"></path>
    ▼<g class="tick" opacity="1" transform="translate(10,0)">
      <line stroke="currentColor" y2="6"></line>
      <text fill="currentColor" y="9" dy="0.71em">0</text>
    </g>
    ▶<g class="tick" opacity="1" transform="translate(35.45454545454545,0)">…</g>
    ▶<g class="tick" opacity="1" transform="translate(60.90909090909091,0)">…</g>
    ▶<g class="tick" opacity="1" transform="translate(86.36363636363635,0)">…</g>
    ▶<g class="tick" opacity="1" transform="translate(111.81818181818181,0)">…</g>
    ▶<g class="tick" opacity="1" transform="translate(137.27272727272728,0)">…</g>
    ▶<g class="tick" opacity="1" transform="translate(162.7272727272727,0)">…</g>
    ▶<g class="tick" opacity="1" transform="translate(188.18181818181816,0)">…</g>
    ▶<g class="tick" opacity="1" transform="translate(213.63636363636363,0)">…</g>
    ▶<g class="tick" opacity="1" transform="translate(239.0909090909091,0)">…</g>
    ▶<g class="tick" opacity="1" transform="translate(264.54545454545456,0)">…</g>
    ▶<g class="tick" opacity="1" transform="translate(290,0)">…</g>
  </g>
</svg>
<p class="mt-2 mb-1 fs-6">程式碼</p>
```

圖 6-19　d3.axisBottom 畫面③

6.3 Layouts

Layouts 比起 Generator、Components 又更進階，它是直接拿一整個完整的資料集去繪製出完整圖表。這一類的 API 可以很直覺簡單，如 pie() 繪製的圓餅圖，其也可以很複雜，如 force() 繪製的原力關聯圖。

Layouts 需要的完整資料集可以是多個陣列，也可以使用 Generators 的 API 產生的資料，並依此資料去計算像素座標與角度，常見的 Layouts Helper Function 有 d3.stack()、d3.pie()、d3.force()，以下就用 d3.stack() 來實作。

 Stacks

什麼是 Stacks 呢？你之前看圖表時，應該有看過如圖 6-20 所示的長條圖。

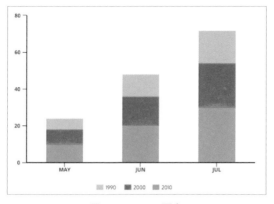

圖 6-20　**stack 圖表**

　　這種把欲比較的資料堆疊起來的圖形，就稱爲「Stacks」。想畫出這樣的堆疊長條圖時，需要搭配比例尺、軸線的 API 才能繪製，後續的章節會介紹這些必要的 API，以下先以了解 Stacks 的 API 如何運作爲主。

　　Stacks 旗下提供許多方法，用以協助繪製堆疊圖，如圖 6-21 所示。

Stacks

Stack shapes, placing one adjacent to another, as in a stacked bar chart.

- d3.stack - create a new stack generator.
- *stack* - generate a stack for the given dataset.
- *stack*.keys - set the keys accessor.
- *stack*.value - set the value accessor.
- *stack*.order - set the order accessor.
- *stack*.offset - set the offset accessor.
- d3.stackOrderAppearance - put the earliest series on bottom.
- d3.stackOrderAscending - put the smallest series on bottom.
- d3.stackOrderDescending - put the largest series on bottom.
- d3.stackOrderInsideOut - put earlier series in the middle.
- d3.stackOrderNone - use the given series order.
- d3.stackOrderReverse - use the reverse of the given series order.
- d3.stackOffsetExpand - normalize the baseline to zero and topline to one.
- d3.stackOffsetDiverging - positive above zero; negative below zero.
- d3.stackOffsetNone - apply a zero baseline.
- d3.stackOffsetSilhouette - center the streamgraph around zero.
- d3.stackOffsetWiggle - minimize streamgraph wiggling.

圖 6-21　**stack APIs**

我們先看主要的 d3.stack() 該如何使用。

d3.stack()

d3.stack() 會回傳一個預設的 stack 建構方法，接著將資料集帶入該建構方法，就能產生歸類好的資料陣列，而歸類方式則會以 keys 決定。看完後是不是覺得有看沒有懂呢？沒關係，很正常，我們直接以範例來說明。

前面的圖表可以看到，堆疊圖包含許多不同分類的資料，因此繪製堆疊圖最重要的一點就是：「要把哪些資料歸為同一類別呢？」

假設目前有一系列的資料，記錄 2023 年 1 至 4 月，中國、美國、台灣的每月肺炎確診人數：

```
const dataStack = [
  { month: new Date(2023, 0, 1), China: 132, America: 120, Taiwan: 30 },
  { month: new Date(2023, 1, 1), China: 70 , America: 127, Taiwan: 98 },
  { month: new Date(2023, 2, 1), China: 130, America: 33 , Taiwan: 118 },
  { month: new Date(2023, 3, 1), China: 60 , America: 90 , Taiwan: 60 },
];
```

目前的資料是 dataStack 這個陣列內含四個物件，這四個物件內分別有 month、China、America、Taiwan 等 key 值，這些 keys 正是 d3.stack() 所需要的 keys。

使用 d3.stack() 時，它會根據資料的 key 值把資料分類，同樣 key 值的數據會被視為同一個集合，因此這邊就有四個集合：

keys	data

month	[new Date(2023, 0, 1),
	  new Date(2023, 1, 1),
	  new Date(2023, 2, 1),
	  new Date(2023, 3, 1)]

China	[132、70、130、60]
America	[120、127、33、90]
Taiwan	[30、98、118、60]

以這個範例來說明，繪製堆疊長條圖的步驟如下：

STEP/ 01 使用 d3.stack() 建構出 stack 方法，並使用 stack 內建的 stack.keys() 方法設定想分類的資料 keys 分別是 "China"、"America"、"Taiwan"。

STEP/ 02 把回傳的 stack 方法帶入資料集之後，得到歸類好的資料陣列。這裡使用 stackedSeries 來承接這個資料陣列。

```
// 設定資料的 keys
const stackGenerator = d3.stack().keys(["China", "America", "Taiwan"]);

// 把資料帶入 stack 方法
const stackedSeries = stackGenerator(dataStack);
console.log("stack", stackedSeries);
```

STEP/ 03 我們可以把 stackedSeries 印出來，看看回傳的資料長什麼樣子。

```
stack                                    14.helper-function-layouts.html:113
▼(3) [Array(4), Array(4), Array(4)] ⓘ
  ▶0: (4) [Array(2), Array(2), Array(2), Array(2), key: 'China', index: 0]
  ▶1: (4) [Array(2), Array(2), Array(2), Array(2), key: 'America', index: 1]
  ▶2: (4) [Array(2), Array(2), Array(2), Array(2), key: 'Taiwan', index: 2]
    length: 3
```

圖 6-22　stackedSeries

為什麼資料會這樣分類呢？那是因為我們設定的 keys 有三項，因此 d3.stack() 會把同一個 key 的數值視為同一集合（series），就像這樣：

```
const dataStack = [
  { month: new Date(2023, 0, 1), China: 132, America: 120, Taiwan: 30 },
  { month: new Date(2023, 1, 1), China: 70, America: 127, Taiwan: 98 },
  { month: new Date(2023, 2, 1), China: 130, America: 33, Taiwan: 118 },
  { month: new Date(2023, 3, 1), China: 60, America: 90, Taiwan: 60 },
];
```

圖 6-23　d3.stack() keys 分類

STEP/ 04 使用這些集合去計算，並各自回傳一個陣列。

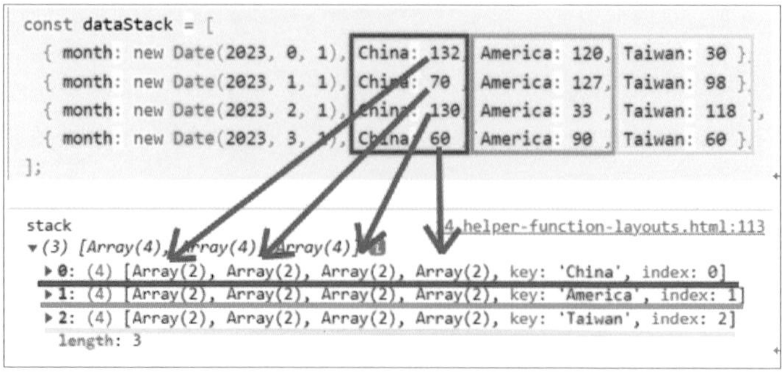

```
const dataStack = [
  { month: new Date(2023, 0, 1), China: 132, America: 120, Taiwan: 30 },
  { month: new Date(2023, 1, 1), China: 70, America: 127, Taiwan: 98 },
  { month: new Date(2023, 2, 1), China: 130, America: 33, Taiwan: 118 },
  { month: new Date(2023, 3, 1), China: 60, America: 90, Taiwan: 60 }
];

stack                                   14.helper-function-layouts.html:113
▼(3) [Array(4), Array(4), Array(4)] ⓘ
  ▶0: (4) [Array(2), Array(2), Array(2), Array(2), key: 'China', index: 0]
  ▶1: (4) [Array(2), Array(2), Array(2), Array(2), key: 'America', index: 1]
  ▶2: (4) [Array(2), Array(2), Array(2), Array(2), key: 'Taiwan', index: 2]
    length: 3
```

圖 6-24　d3.stack() keys 分類 2

如果把回傳的陣列展開，會看到每個陣列都包含三筆資料，分別代表：

● **起始點**：從什麼地方開始繪製區域？

● **終點值**：到什麼地方結束繪製區域？

● **分類**：隸屬於哪個分類？

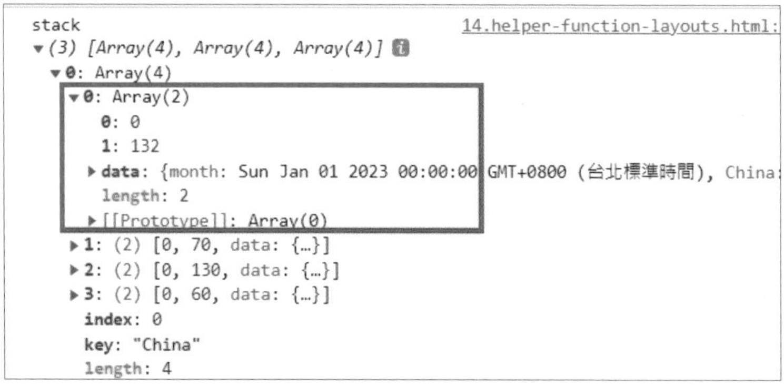

```
stack                                   14.helper-function-layouts.html:
▼(3) [Array(4), Array(4), Array(4)] ⓘ
  ▼0: Array(4)
    ▼0: Array(2)
      0: 0
      1: 132
      ▶data: {month: Sun Jan 01 2023 00:00:00 GMT+0800 (台北標準時間), China:
      length: 2
      ▶[[Prototype]]: Array(0)
    ▶1: (2) [0, 70, data: {…}]
    ▶2: (2) [0, 130, data: {…}]
    ▶3: (2) [0, 60, data: {…}]
      index: 0
      key: "China"
      length: 4
```

圖 6-25　展開 d3.stack() 回傳資料

STEP/ 05 如此就得到需要的資料了，我們可以運用這些資料的起始值和終點值來繪製堆疊長
條圖。

```
// 設定顏色
const colorScale = d3
  .scaleOrdinal()
  .domain(["China", "America", "Taiwan"])
```

```
    .range(["red", "blue", "orange"]);

// 建立集合元素 g、設定顏色
const g = d3
  .select(".stack")
  .attr("width", 300)
  .selectAll("g")
  .data(stackedSeries)
  .enter()
  .append("g")
  .attr("fill", (d) => colorScale(d.key));

// 繪製長條圖
g.selectAll("rect")
    .data((d) => d)
    .join("rect")
    // 長度為終點值減起始值
    .attr("width", (d) => d[1] - d[0])
    // X 座標設定為起始值
    .attr("x", (d) => d[0])
    // Y 座標用 index 來處理，乘上每條長條圖想拉開的距離
    .attr("y", (d, i) => i * 35)
    .attr("height", 20);
```

STEP/ 06 最後得到的堆疊長條圖，如圖 6-26 所示。

圖 6-26　**d3.stack 畫面**

　　這就是 Layouts 這一類的 Helper Function 做的事情，將資料集轉換成能繪製完整圖表的資料集。其實，當了解 D3.js 各項 API 的運作原理、需要的資料以及回傳什麼東西之後，是不是覺得圖表也沒有很難畫呢？

　　雖然 Layouts 這一類的 API 比 Generators 和 Components 更難懂一些，但只要搞懂這些 API 回傳什麼值、要怎麼運用，就能輕鬆畫出想要的圖表了。

07

圖表的組成

圖表是由一系列的項目要件組成,包含比例尺、軸線、刻
度、色彩等,這些小要件對於圖表繪製缺一不可。

「圖表」是由一系列小要件組成，透過這些要件的組合來繪製，因此本章會一一說明組成圖表的重點要件，了解這些要件該如何繪製後，就能自由運用資料來繪製圖表了。

7.1 比例尺（Scales）

不知道大家有沒有看過「搞笑的網購商品」這系列圖片呢？就是買家們將「網路上賣家呈現的商品」與「實際收到貨的商品」進行對比，並拍照給大家看。其中有不少的照片長這樣的，如圖 7-1 所示。

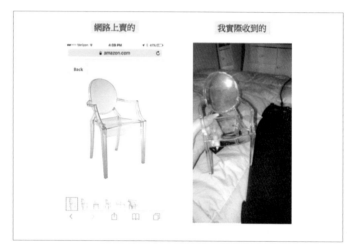

圖 7-1　**網購商品比例尺錯誤**

※ 圖片來源：sav's twitter（https://twitter.com/itssavannahxox/status/893259253644836867）

是不是超級搞笑呢？這是給小矮人的椅子嗎？賣家的圖片和買家實際收到商品有相當大的落差，怎麼回事呢？這是因為賣方並沒有附上比例尺來告知這個椅子有多大，買家也就自行腦補成正常椅子的比例，才會導致這樣的結果。我們的生活中充滿各種需要比例尺的時候，像是地圖、商品圖、圖表都會使用到比例尺。

SVG 視窗範圍

在「第 2 章 學習 D3.js 前必備的 SVG 知識」中，筆者提過 SVG 理論上是無限大，它所設定的寬（width）和高度（height）其實是所謂的「視窗範圍」（viewport），因此即使我們的數據資料超過 SVG 的視窗範圍，一樣會繪製並存在，只是我們看不到而已。

我們來看以下的範例說明：

STEP/ 01　先建立一個 SVG，並將它的視窗範圍訂為寬度 500。

STEP/ 02　繪製黃色與橘色兩條線段，長度均為 360px，但橘色的線段從 SVG 寬度 250 的位置開始繪製。

這時會發現橘色的線段超過 SVG 的視窗範圍，沒辦法完整呈現，這表示橘色的線段的後半段被截斷了嗎？並非如此，橘色線段實際上還是有繪製，只是超過 SVG 可視範圍所以看不見而已。

圖 7-2　svg viewport

由此可知，只有當資料的數值在 SVG 的視窗範圍內，才能完整看到所有的資訊，但是我們拿到的資料數據不可能這麼完美符合 SVG 的視窗範圍，該怎麼辦呢？這時就要派比例尺上場了。

比例尺是什麼？

D3.js 提供許多換算比例尺（Scales）的方法，歸類在 Scales 分類之下。其實，Scales 做的事情很單純，就是用來換算比例。它能將資料數據轉換成視覺變數（visual variables），像是位置、長度、顏色等視覺變數。舉例來說，Scales 可以把資料轉換成以下幾種視覺變數：

- **轉換成長度**：供長條圖設定長度。
- **轉換成位置**：供折線圖設定位置。
- **百分比資料轉換成連續數值**：供設定顏色的範圍。
- **時間資料轉換成位置**：供軸線使用。

　　如此，我們才能使用視覺變數來將資料視覺化。除此之外，換算比例還牽扯到非常多的細節，我們來詳細了解一下。

輸入域與輸出域（Domain & Range）

　　剛才提到 Scales 是用來進行比例換算，既然是「換算」的話，就會有換算前與換算後的資料數值，這時就需要運用「輸入域」（Domain）與「輸出域」（Range）的概念：

- **輸入域（Domain）**：進行比例尺換算前，原始資料的整個數值範圍。
- **輸出域（Range）**：進行比例尺換算後，換算後的資料數值範圍。

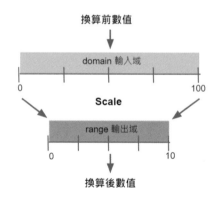

圖 7-3　**輸入域與輸出域**

　　通常會把從 A 範圍數值換算到 B 範圍數值的概念稱為「映射」。以下面的範例來說，先設定輸入域是 [0~100] 範圍、輸出域是 [0~10] 範圍的比例尺，接著使用這個比例尺換算資料數值 50。透過比例尺的換算，就能得到 5 的換算值。

```
// 輸入與輸出比例換算範例
const convert = d3.scaleLinear().domain([0, 100]).range([0, 10]);

console.log(convert(50)); // 5，換算輸出比例完成
```

　　由於「輸入域」和「輸出域」是比例尺必備的基本要素，因此每種比例尺旗下都會有 .domain() 和 .range() 的方法。看到這裡，大家有沒有覺得疑惑？為什麼設定輸入域和輸出域的範圍後，我們隨便輸入的數值就能被換算成對應的輸出值呢？這是因為在比例尺的運作中，還使用了另一種重要方法：「插補值」（interpolate）。

 ## 插補值（interpolate）

　　「插補值」不僅是 D3.js 比例尺中的重要觀念，在圖表的動畫、色彩、繪製等其他核心功能中也非常重要，因此 D3.js 的 30 大類 API 中有一大項就是「插補值處理器」，提供許多 API 來供開發者處理插補值，如圖 7-4 所示。

Interpolators (d3-interpolate)

Interpolate numbers, colors, strings, arrays, objects, whatever!

- d3.interpolate - interpolate arbitrary values.
- d3.interpolateNumber - interpolate numbers.
- d3.interpolateRound - interpolate integers.
- d3.interpolateString - interpolate strings with embedded numbers.
- d3.interpolateDate - interpolate dates.
- d3.interpolateArray - interpolate arrays of arbitrary values.
- d3.interpolateNumberArray - interpolate arrays of numbers.
- d3.interpolateObject - interpolate arbitrary objects.
- d3.interpolateTransformCss - interpolate 2D CSS transforms.
- d3.interpolateTransformSvg - interpolate 2D SVG transforms.
- d3.interpolateZoom - zoom and pan between two views.
- *interpolateZoom*.rho - set the curvature *rho* of the zoom interpolator.
- d3.interpolateDiscrete - generate a discrete interpolator from a set of values.

圖 7-4　Interpolate APIs

　　說白了，「插補值」就是在兩個值之間平順的插入一些值，這個應用十分廣泛，例如：建立一個平順的動畫效果、設定一個漸層的顏色梯度，這些都是應用了插補值的原理，而且 D3.js 的插補值不僅可以應用在數值之間，還可以用在「日期、顏色、字串」等各種資料型態間，是個非常神奇的功能。

由於插補值比較複雜，我們只需要知道它的原理和如何使用，即可順利畫出圖表了。

 連續性與離散性（Continuous & Discrete）

除了輸入域與輸出域之外，「連續性」（Continuous）和「離散性」（Discrete）也是使用 Scales 時需要了解的一個觀念。所謂的「連續性與離散性」，是指輸入域與輸出域的映射方式，並且會直接牽涉到 Scales 的分類：

- **連續性（Continuous）**：指資料之間具有關聯性，可以用某些運算方式找出彼此的關聯，這類型資料通常為數字、日期等。

- **離散性（Discrete）**：指資料之間沒有任何關聯性，無法用任何運算方式找出彼此的關聯，這類型資料通常為字串。

如果把連續性或離散性的概念，搭配輸入域與輸出域，就可以得出四種結果：

- 輸入域的資料是連續性資料（Continuous Input）。
- 輸入域的資料是離散性資料（Discrete Input）。
- 輸出域的資料是連續性資料（Continuous Output）。
- 輸出域的資料是離散性資料（Discrete Output）。

把上面四種輸入域與輸出域資料進行搭配組合，就成為 Scales API 的主要分類依據，接著我們來看 D3.js 總共提供哪些設定比例尺的方法。

 比例尺分類

D3.js 的官方文件將比例尺分成五種，分別為：

- 連續性比例尺（Continuous Scale）。
- 序列比例尺（Sequential Scale）。
- 發散比例尺（Diverging Scale）。
- 量化比例尺（Quantize Scale）。
- 次序 / 序位比例尺（Ordinal Scale）。

但如果按照前面提到的輸入與輸出資料來分類的話，這五種比例尺可以被歸納爲三大類：

- **「連續性資料輸入」與「連續性資料輸出」的比例尺**：包含連續性比例尺、序列比例尺、發散比例尺。
- **「連續性資料輸入」與「離散性資料輸出」的比例尺**：包含量化比例尺。
- **「離散性資料輸出」與「離散性資料輸出」的比例尺**：包含次序 / 序位比例尺。

我們按照這三大類別來看看 Scales 的特色吧！

「連續性資料輸入」與「連續性資料輸出」的比例尺

這一類的比例尺是將一組連續性的資料映射到另一個連續性的資料中，並依此進行數值轉換，其包含三種設定比例尺的方法：

連續性比例尺（Continuous Scale）

「連續性比例尺」是指資料能依某種運算方式找到關聯，例如：月份的數值遞增、數字與數字間透過加減乘除找到規律等；「非連續性比例尺」則是指資料間無法透過運算找出關聯，例如：男女分類、喜歡的寵物（貓、狗、魚、兔）等。

連續性比例尺可以把連續的、定量的輸入域範圍映射到連續的輸出域範圍，而且如果輸出域範圍也是數字，這個映射關係還可以被反轉，意思就是我們可以透過反推輸出的值去找到輸入的值。除了反轉之外，連續性比例尺還包含許多不同的 API 可以進行細節設定與調整，如圖 7-5 所示。

Continuous Scales

Map a continuous, quantitative domain to a continuous range.

- *continuous* - compute the range value corresponding to a given domain value.
- *continuous*.invert - compute the domain value corresponding to a given range value.
- *continuous*.domain - set the input domain.
- *continuous*.range - set the output range.
- *continuous*.rangeRound - set the output range and enable rounding.
- *continuous*.clamp - enable clamping to the domain or range.
- *continuous*.unknown - set the output value for unknown inputs.
- *continuous*.interpolate - set the output interpolator.
- *continuous*.ticks - compute representative values from the domain.
- *continuous*.tickFormat - format ticks for human consumption.
- *continuous*.nice - extend the domain to nice round numbers.
- *continuous*.copy - create a copy of this scale.

圖 7-5　**Continuous Scales**

上述這些方法都可以供連續性比例尺內含的比例尺 API 來使用。要注意的是，連續性比例尺只是大分類，不能直接用來設定比例尺，必須先使用它旗下的比例尺方法來設定比例尺。它旗下的方法包含：

- 線性比例尺（d3.scaleLinear）。
- 冪比例尺（d3.scalePow）。
- 對數比例尺（d3.scaleLog）。
- 恆等比例尺（d3.scaleIdentity）。
- 放射比例尺（d3.scaleRadial）。
- 時間比例尺（d3.scaleTime)。

雖然有這麼多的比例尺，但一般來說，較常用到的只有「線性比例尺」（d3.scaleLinear）和「時間比例尺」（d3.scaleTime），接著就來看看這兩個比例尺要怎麼使用。

d3.scaleLinear([[domain,]range])（線性比例尺）

　　「線性比例尺」是畫圖表時最常用到的比例尺，它會以輸入域與輸出域範圍資料建立一個新的連續性比例尺，用來把資料轉換成位置或長度，通常用在繪製折線圖。線性比例尺的輸入域數值和輸出域數值都必須是連續性資料，這些資料會以下列的方式映射，如圖 7-6 所示。

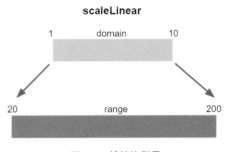

圖 7-6　　線性比例尺

　　由於輸入的資料是連續性資料，所以只要用陣列的方式帶入資料的最小值與最大值，d3.scaleLinear() 就會計算輸出的數值：

```
let linearScale = d3.scaleLinear()
                    .domain([0, 100])
                    .range([0, 50]);

linearScale(0);     // return 0
linearScale(50);    // returns 25
linearScale(100);   // returns 50
```

　　除了轉換長度和位置之外，線性比例尺也可以用來換算顏色的色度：

```
const colorScale = d3.scaleLinear()
                    .domain([0, 10])
                    .range(['yellow', 'red']);

colorScale(0);      // returns "rgb(255, 255, 0)"
```

```
colorScale(5);    // returns "rgb(255, 128, 0)"
colorScale(10);   // returns "rgb(255, 0, 0)"
```

d3.scaleTime([[domain,]range])（時間比例尺）

「時間比例尺」會使用設定好的輸入域與輸出域範圍資料，來建立一個新的時間比例尺，並用來換算日期、時間等資料。它的用法和線性比例尺很類似，但不同的是時間比例尺的輸入域資料必須是日期陣列。

```
const timeScale = d3
        .scaleTime()
        .domain([new Date(2023, 0, 1), new Date(2023, 11, 1)])
        .range([0, 100]);

timeScale(new Date(2023, 0, 1));    // returns 0
timeScale(new Date(2023, 6, 1));    // returns 45.209...
timeScale(new Date(2023, 11, 1));   // returns 100
```

特別的是，時間比例尺除了能使用連續性比例尺提供的 API 之外，它還多了許多自己獨有的 API，可以用來進行細節設定。

- d3.scaleTime - create a linear scale for time.
- *time* - compute the range value corresponding to a given domain value.
- *time*.invert - compute the domain value corresponding to a given range value.
- *time*.domain - set the input domain.
- *time*.range - set the output range.
- *time*.rangeRound - set the output range and enable rounding.
- *time*.clamp - enable clamping to the domain or range.
- *time*.interpolate - set the output interpolator.
- *time*.ticks - compute representative values from the domain.
- *time*.tickFormat - format ticks for human consumption.
- *time*.nice - extend the domain to nice round times.
- *time*.copy - create a copy of this scale.
- d3.scaleUtc - create a linear scale for UTC.

圖 7-7　**d3.scaleTime 旗下 API**

這些 API 有不少用法都和連續性比例尺所提供的 API 相同，所以這裡一併介紹。了解 d3.scaleLinear() 和 d3.scaleTime() 這兩個設定比例尺的方法後，接著來看看連續性比例尺提供的 API 能做些什麼。

■ continuous.clamp()：截斷超過範圍的數值

前面解說了輸入域與輸出域的概念，也知道介於輸入域範圍內的數字能夠被換算成相對應的輸出域數值，但如果輸入超出輸入域範圍的數值，它一樣會進行換算：

```
const linearScale = d3.scaleLinear()
                      .domain([0, 10])
                      .range([0, 100])
linearScaleClamp(20);  // returns 200
linearScaleClamp(-10); // returns -100
```

如果我們不希望換算超出範圍的數值，就可以使用 continuous.clamp() 這個方法，這個方法會將超過的數值截斷，直接換成輸入域範圍的極端值：

```
const linearScaleClamp = d3.scaleLinear()
                          .domain([0, 10])
                          .range([0, 100])
                          .clamp(true) // 斬斷鎖鏈

linearScaleClamp(20);  // returns 100
linearScaleClamp(-10); // returns 0
```

■ continuous.nice()：延展終始值

這個 API 是用來延展輸入域範圍，讓輸入域的起始值和終止值變成比較漂亮的數值。繪製圖表時，通常使用的數值都是後端或產品經理給的資料，但資料不一定是漂亮的數值，這樣映射到軸線上時，可能就會讓軸線的起點和終點值不是整數或好看的數值：

```
const data = [0.243, 0.584, 0.987, 0.153, 0.433];
const xAxis = d3.scaleLinear()
```

```
            .domain(d3.extent(data))
            .range([0, 100])
```

畫出來的軸線如圖 7-8 所示，由於起始值和終點值不在 X 軸線可以設定的範圍內，因此 X 軸的前後沒有值（有關建立軸線的方法，在下一小節中會說明，這裡只要先知道如何建立比例尺就好）。

圖 7-8　**起始值與終點值不漂亮的軸線**

這時就可以使用 continuous.nice() 方法，它會將數字延展成最接近的完整數值，軸線的起始值和終點值也會呈現完整好看的數值：

```
const data = [0.243, 0.584, 0.987, 0.153, 0.433];
const xAxis = d3.scaleLinear()
                .domain(d3.extent(data))
                .range([0, 100])
                .nice();
```

圖 7-9　**起始值與終點值漂亮的軸線**

■ continuous.invert()：反推轉換

continuous.invert() 方法可以調換輸入域與輸出域的範圍，將輸出域的數值換算成輸入域的數值。這個方法通常用來顯示軸線的刻度，之後等到「7.2　軸線與刻度」中會更詳細說明，目前只要知道它是怎麼用就好。

```
const linearScale = d3.scaleLinear()
                      .domain([0, 10])
                      .range([0, 100]);
```

```
linearScale.invert(50);    // return 5
linearScale.invert(100);   // return 10
```

序列比例尺（Sequential Scale）

「序列比例尺」與連續性比例尺、發散比例尺很類似，一樣是將連續數值輸入域映射到連續數值的輸出域，但和連續性比例尺不同的是，序列比例尺的輸出域只能根據指定的內建插補器來設定，而且輸出域不可更動、插補方式也不可更動。舉例來說：

```
const sequentialScale = d3.scaleSequential()
                          .domain([0, 100])
                          .interpolator(d3.interpolateRainbow);
```

上述的範例中，我們設定輸入域範圍是 0 到 100，但輸出域的部分改爲使用 d3.interpolator() 方法來設定，而非之前使用的 range() 方法，參數則帶入 D3.js 內建好的 d3.interpolateRainbow() 方法，用來建立彩虹的色階。接著，只要把 0~100 之間的數值帶入設定好的序列比例尺，就可以得到相對應的色彩：

```
sequentialScale(0);   // return 'rgb(110, 64, 170)'
sequentialScale(50);  // return 'rgb(175, 240, 91)'
sequentialScale(100); // return 'rgb(110, 64, 170)'
```

D3.js 內建好的顏色插補器除了 d3.interpolatorRainbow 之外，還有許多其他不同的方法，想嘗試不同色彩的人可以到 d3-scale-chromatic 官方文件 [1] 查看。

※1 d3-scale-chromatic 官方文件：https://github.com/d3/d3-scale-chromatic/blob/main/README.md。

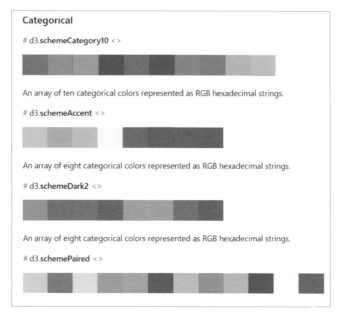

圖 7-10　Colors Interpolate

▌發散比例尺（Diverging Scale）

「發散比例尺」主要是用來將兩個相反方向的現象視覺化，像是正數與負數，或是朝上與朝下。它一樣也是將連續的輸入域範圍映射到輸出域範圍，不過比較特別的是發散比例尺的輸入域要帶入三個數值，即兩個極端值加上一個中間值，而且輸出域必須按照內建的插捕值去設定。以下的例子便是使用發散比例尺來設定一個發散顏色色度比例尺：

```
const scaleAnomalyPuOr = d3.scaleDiverging()
                          .domain([-10, 0, 10])
                          .interpolator(d3.interpolatePuOr)
scaleAnomalyPuOr(-10); //rgb(45, 0, 75) 深紫色
scaleAnomalyPuOr(10);  //rgb(127, 59, 8) 橘色
```

先使用 d3.scaleDiverging() 這個 API 來建立發散比例尺，接著將輸入域的三個參數設定好，最後再用 d3.interpolatePuOr 這個內建好的色階插捕值來設定顏色。d3.interpolatePuOr 是官方內建的一個由紫到橘的色階，如圖 7-11 所示。

```
# d3.interpolatePuOr(t) < >
# d3.schemePuOr[k]
```

圖 7-11　interpolatePuOr

　　這樣就設定好發散顏色色度比例尺了，之後如果帶入數據資料，就可以將資料轉換成相匹配的色度，如圖 7-12 所示。

圖 7-12　**d3.scaleDiverging 圖表**

「連續性資料輸入」與「離散性資料輸出」的比例尺

　　這一分類的比例尺是將一組連續性的資料，映射到另一組離散性的資料中，並依此對照去進行轉換，因此這種比例尺又被稱為「量化比例尺」。

量化比例尺（Quantize Scale）

　　量化比例尺旗下包含三種建立比例尺的方法：

- 量化比例尺（d3.scaleQuantize）。
- 分位數比例尺（d3.scaleQuantile）。
- 閾值 / 臨界值比例尺（d3.scaleThreshold）。

　　這幾種 API 中比較常用到的是「量化比例尺」（d3.scaleQuantize），下面就來介紹該怎麼使用它。

d3.scaleQuantize([[domain,]range])（量化比例尺）

　　d3.scaleQuantize 這個方法會根據設定好的輸入域與輸出域範圍建立一個新的量化比例尺（quantize scale）。它會接收一組連續性的數值，並映射到一組離散性的數值中，接著根據離散性數值的數量把連續性數值分成不同區段，再將輸入的數值映射到相對應的區段數值。

舉例來說,設定一個量化比例尺,輸入域範圍是 0 到 100,輸出域設定為四種色彩:

```
const quantizeScale = d3
      .scaleQuantize()
      .domain([0, 100])
      .range(['lightblue', 'orange', 'lightgreen', 'red']);
```

這時,量化比例尺會把 0~100 範圍的數值根據輸入域設定的資料切段。

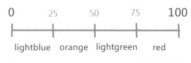

圖 7-13　**d3.scaleQuantize 輸出域分段**

之後用設定好的量化比例尺輸入數值時,就會根據這個區段映照相對應的值:

```
quantizeScale(10);  // return 'lightblue'
quantizeScale(30);  // return 'orange'
quantizeScale(73);  // return 'lightgreen'
quantizeScale(90);  // return 'red'
```

d3.scaleQuantize() 旗下還包含許多方法,可以對軸線、刻度進行許多細節設定。

- d3.scaleQuantize - create a uniform quantizing linear scale.
- *quantize* - compute the range value corresponding to a given domain value.
- *quantize*.invertExtent - compute the domain values corresponding to a given range value.
- *quantize*.domain - set the input domain.
- *quantize*.range - set the output range.
- *quantize*.ticks - compute representative values from the domain.
- *quantize*.tickFormat - format ticks for human consumption.
- *quantize*.nice - extend the domain to nice round numbers.
- *quantize*.thresholds - return the array of computed thresholds within the domain.
- *quantize*.copy - create a copy of this scale.

圖 7-14　**d3.scaleQuantize 旗下 API**

「離散性資料輸入」與「離散性資料輸出」的比例尺

　　這一類的比例尺被稱為「次序 / 序位比例尺」，它和連續性比例尺都很常被使用，也很常被拿來進行比較。這一類的比例尺是將一組離散性的資料，映射到另一組離散性的資料中，並依此對照去進行轉換。由於輸入與輸出的數據都是離散性資料，而離散性資料之間沒有關聯性，無法像連續性比例尺一樣推算出數值，因此使用這一類的比例尺時，一定要把要換算的資料一對一搭配好，否則未搭配到的資料就沒有辦法轉換。

次序 / 序位比例尺（Ordinal Scale）

　　次序 / 序位比例尺旗下包含三種設定比例尺的方法：

- 次序比例尺（d3.scaleOrdinal）。
- 隱含比例尺（d3.scaleImplicit）。
- 區段比例尺（d3.scaleBand）。
- 點比例尺（d3.scalePoint）。

　　接下來用範例來說明上述幾種常用的比例尺。

d3.scaleOrdinal([[domain,]range])（次序比例尺）

　　次序比例尺使用設定好的輸入域範圍與輸出域範圍來建構一個新的次序比例尺。它首先會遍歷輸入的離散性資料陣列，並將資料一一映射到輸出的離散性資料陣列。由於數值中沒有關聯性，因此必須將所有要對應的資料都一一列出。另外，如果輸入域的資料比輸出域多的話，輸出域的資料陣列會從頭重複運算：

```
const ordinalData = ['Jan', 'Feb', 'Mar', 'Apr', 'May', 'Jun', 'Jul', 'Aug', 'Sep',
'Oct', 'Nov', 'Dec']
const ordinalScale = d3.scaleOrdinal()
                       .domain(ordinalData)
                       .range(['black', 'red', 'green']);

ordinalScale('Jan');  // return 'black';
```

```
ordinalScale('Feb');  // return 'red';
ordinalScale('Mar');  // return 'green';
ordinalScale('Apr');  // return 'black'; 從頭重複算一次
```

如果輸入的數值不在輸入域範圍內的話，會自動被加進輸入域的最後一位：

```
const ordinalData = ['Jan', 'Feb', 'Mar', 'Apr', 'May', 'Jun', 'Jul', 'Aug', 'Sep',
'Oct', 'Nov', 'Dec']
const ordinalScale = d3.scaleOrdinal()
                       .domain(ordinalData)
                       .range(['black', 'red', 'green']);
```

```
ordinalScale('Monday');  // return 'black';
```

d3.scaleBand([[domain,]range])（區段比例尺）

區段比例尺最常用來繪製長條圖，它不僅能用來建立長條狀幾何圖形，也可以使用旗下的 API 去調整長條圖的長柱間距（padding）。

區段比例尺會將輸入域的資料轉換成輸出域的區段，其運作方式如下：

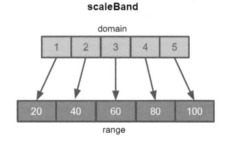

圖 7-15　**d3.scaleBand 比例尺**

要注意的是，使用區段比例尺時，輸入域的資料必須是陣列格式，陣列中的每筆資料代表一條長條圖；輸出域則設定為圖表範圍的最小值與最大值，例如：整張圖表的寬度，我們直接來看下列的範例。

　　d3.scaleBand() 會根據輸入域（domain）的資料數量將輸出域（range）數值分段，然後根據每個區段的資料來計算長條圖的位置與寬度。

```
const bandScale = d3.scaleBand()
                    .domain([' 狗 ', ' 貓 ', ' 天竺鼠 ', ' 烏龜 ', ' 海豚 '])
                    .range([0, 200]); // SVG 寬度

bandScale(' 狗 '); // returns 0
bandScale(' 貓 '); // returns 40
bandScale(' 海豚 '); // returns 160
```

　　d3.scaleBand() 也提供了一些細節設定的 API，讓開發者能依此設定長條圖的寬度、間距等，如圖 7-16 所示。

- d3.scaleBand - create an ordinal band scale.
- *band* - compute the band start corresponding to a given domain value.
- *band*.domain - set the input domain.
- *band*.range - set the output range.
- *band*.rangeRound - set the output range and enable rounding.
- *band*.round - enable rounding.
- *band*.paddingInner - set padding between bands.
- *band*.paddingOuter - set padding outside the first and last bands.
- *band*.padding - set padding outside and between bands.
- *band*.align - set band alignment, if there is extra space.
- *band*.bandwidth - get the width of each band.
- *band*.step - get the distance between the starts of adjacent bands.
- *band*.copy - create a copy of this scale.

圖 7-16　**d3.scaleBand API**

以下介紹幾個常用的 scaleBand 細節設定 API：

■ band.bandwidth()：取得各刻度間距

這個方法可以取得 scaleBand 繪製軸線後每個刻度的長度。

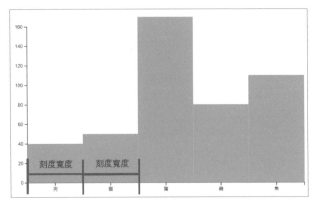

圖 7-17　**刻度寬度**

```
const xScale = d3.scaleBand()
                .domain(['狗', '貓', '豬', '雞', '魚'])
                .range([40, 700]);

console.log (xScale.bandWidth()); // 116
```

　　取得刻度寬度後，繪製長條圖時可以帶入寬度來設定長柱的寬度。長條圖的繪製方法在「10.4 長條圖」中會示範並說明，這邊只要先了解 band.bandwidth() 如何使用即可。

```
svg = d3.selectAll('rect)
        .data(data)
        .join('rect')
        .attr('x', (d) => xScale(d.x))
        .attr('y', (d) => yScale(d.y))
        .attr('width', xScale.bandWidth())
        .attr('height',(d) => height   margin - yScale(d.y))
        .attr('fill', '#69b3a2')
```

　　但是，這樣的長條圖畫起來有點醜，尤其是當長柱顏色相同時，彼此沒有間距看起來就像一片朦朧的色彩，所以接下來要介紹能設定刻度間距的方法。

■ band.paddingInner([padding])：調整刻度內部的間距及 band.paddingOuter
　([padding])：調整刻度外部與邊界的間距

　　使用 d3.scaleBand() 繪製的軸線，其刻度的間距可以分成「paddingInner」和
「paddingOuter」兩種。paddingInner 指的是刻度之間內部的間距，paddingOuter 則
是刻度最左與最右兩邊與邊界的距離。

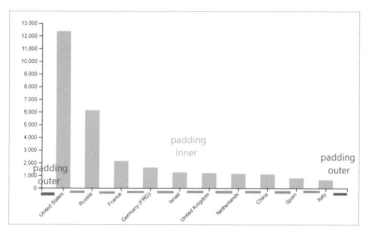

圖 7-18　**paddingInner 與 paddingOuter**

　　因此，只要使用 band.paddngInner() 或 band.paddngOuter()，就能將長柱之間的距
離留出來了。這兩個方法都需要帶入 padding 參數來設定要留的距離，padding 參數
必須是介於 0 到 1 之間的數字，範例如下：

```
const xScale = d3.scaleBand()
                .domain(['狗', '貓', '豬', '雞', '魚'])
                .range([40, 700])
                .paddingInner(0.5);
```

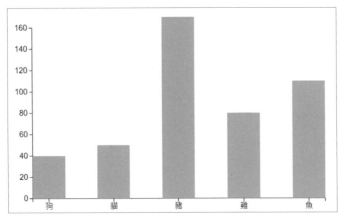

圖 7-19　**band.paddingInner 畫面**

■ band.padding([padding])：調整全部長柱之間的間距

　　如果不想要很麻煩去設定 Inner 間距和 outer 間距呢？別擔心！ d3.scaleBand 也提供了另一個簡便的方法：band.padding()，它可以一次設定全部的刻度間距，就不需要寫兩次了。

```
const xScale = d3.scaleBand()
               .domain(['狗', '貓', '豬', '雞', '魚'])
               .range([40, 700])
               .padding (0.5);
```

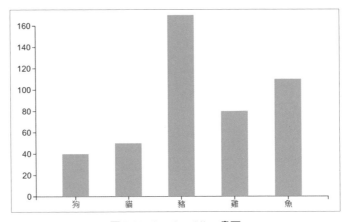

圖 7-20　**band.padding 畫面**

d3.scalePoint ([[domain,]range]) (點比例尺)

　點比例尺和區段比例尺很類似，主要差別在於「點比例尺是換算點的位置，區段比例尺則是換算區段的範圍」。

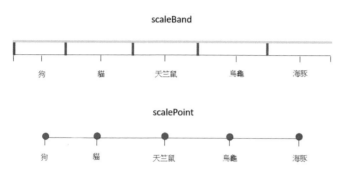

圖 7-21　scalePoint 與 scaleBand 的差異

　因為這兩個方法的換算方式不同，所以換算出來的數值也會有所差異。

● **d3.scaleBand( )**

```
const bandScale = d3.scaleBand()
                    .domain([' 狗 ', ' 貓 ', ' 天竺鼠 ', ' 烏龜 ', ' 海豚 '])
                    .range([0, 200]); // SVG 寬度
bandScale(' 狗 '); // returns 0
bandScale(' 貓 '); // returns 40
bandScale(' 海豚 '); // returns 160
```

● **d3.scalePoint( )**

```
const pointScale = d3.scalePoint()
                    .domain([' 狗 ', ' 貓 ', ' 天竺鼠 ', ' 烏龜 ', ' 海豚 '])
                    .range([0, 200])
pointScale(' 狗 ');  // returns 0
pointScale(' 貓 ');  // returns 50
pointScale(' 海豚 ');  // returns 160
```

　了解 d3.scalePoint 的用法後，再來看看它旗下的 API 可以處理哪些細節設定。

- d3.scalePoint - create an ordinal point scale.
- *point* - compute the point corresponding to a given domain value.
- *point*.domain - set the input domain.
- *point*.range - set the output range.
- *point*.rangeRound - set the output range and enable rounding.
- *point*.round - enable rounding.
- *point*.padding - set padding outside the first and last point.
- *point*.align - set point alignment, if there is extra space.
- *point*.bandwidth - returns zero.
- *point*.step - get the distance between the starts of adjacent points.
- *point*.copy - create a copy of this scale.

圖 7-22　**d3.scalePoint 細節設定 API**

■ point.padding([padding])：調整刻度與左右邊界的距離

這個方法是用來設定第一個點和最後一個點分別與邊界的距離。

```
const pointScale = d3.scalePoint()
                    .domain([' 狗 ', ' 貓 ', ' 天竺鼠 ', ' 烏龜 ', ' 海豚 '])
                    .range([0, 200])
                    .padding(3)
```

■ point.step()：調整全部長柱之間的間距

這個方法是用來求取兩個點之間的距離。

```
const pointScale = d3.scalePoint()
                    .domain([' 狗 ', ' 貓 ', ' 天竺鼠 ', ' 烏龜 ', ' 海豚 '])
                    .range([0, 200])
                    .padding(3)
pointScale.step();  // return 50
```

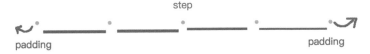

圖 7-23　**point.padding 與 point.step**

🏆 比例尺比較

　　看完以上的分類有沒有很崩潰？我們只是想畫圖表，爲什麼要把比例尺搞得這麼複雜呢？別擔心！畫圖表時，比較常用的比例尺其實也只有連續性比例尺（Continuous Scale）和次序 / 序位比例尺（Ordinal Scale）而已，最後再來簡單比較一下這兩種比例尺，如圖 7-24 所示。

- **連續性比例尺**：連續性的比例尺，適用於連續性質的資料，例如：時間、數值，通常用來繪製折線圖。

- **非連續性比例尺**：非連續性的比例尺，適用於非連續性質的資料。舉例來說，性別分爲男、女，通常用來繪製長條圖。

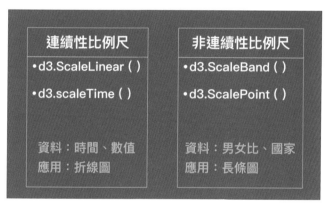

圖 7-24　連續性比例尺與非連續性比例尺比較

7.2 軸線與刻度（Axes & Ticks）

 由於篇幅緣故，本章中軸線範例的程式碼無法全部完整列出。想看完整軸線範例程式碼的讀者，歡迎至本書的範例網站查看：https://vezona.github.io/D3.js_vanillaJS_book/16.axes.html。
說明

設定好比例尺之後,總算可以用它來繪製圖表的軸線了。「軸線」是圖表中必備項目之一,基本上所有圖表都有 X 軸與 Y 軸,才能呈現資料數值。

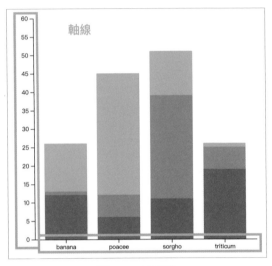

圖 7-25　**XY 軸線**

首先,先來看看軸線是由哪些 DOM 元素組成。圖表的軸線其實是一個複雜的結構,一條座標軸包含以下三種 DOM 元素:

- **<path>**:一條直線,繪製軸線的線段。
- **<line>**:一組沿著軸線的刻度記號。
- **<text>**:每個刻度記號的標籤文字。

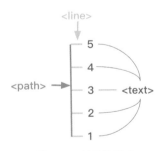

圖 7-26　**軸線的組成**

由於軸線包含許多不同的 DOM 元素，因此通常會使用 <g> 這個 SVG 結構標籤把同一條軸線上的所有元素包起來，這樣當我們對 <g> 元素進行一些操作，例如：移動整個 <g> 元素，就能將整條軸線一起移動，而不用對軸線上的所有 DOM 元素進行個別設定。

圖 7-27　**軸線與 <g> 元素**

了解軸線的組成結構後，接著來統整一下建立軸線的兩大必備工具：

- **比例尺**：必須搭配比例尺來計算出軸線的最大值與最小值，才知道軸線要畫多長、刻度要怎麼計算。

- **DOM 元素**：必須要有一整組 DOM 元素，包含 <path>、<line>、<text> 等，才能繪製出軸線。

有了比例尺與 DOM 元素之後，只要使用合適的繪製軸線 API，就可以畫出想要的軸線，我們來看看 D3.js 提供了哪些可繪製軸線的 API 吧！

建立軸線的 APIs

D3.js 提供四種主要用來建立軸線的 API，分別是 d3.axisTop(scale)、d3.axisBottom (scale)、d3.axisRight(scale)、d3.axisLeft(scale)，如圖 7-28 所示。

- d3.axisTop - create a new top-oriented axis generator.
- d3.axisRight - create a new right-oriented axis generator.
- d3.axisBottom - create a new bottom-oriented axis generator.
- d3.axisLeft - create a new left-oriented axis generator.

圖 7-28　**建立軸線的四種 API**

這四種建立軸線的 API 根據產生的刻度方向不同，而分為「刻度朝上」（Top）、「刻度朝下」（Bottom）、「刻度朝右」（Right）、「刻度朝左」（Left）等四種 API：

❶ **d3.axisTop**：ticks 刻度在軸線上方。

❷ **d3.axisBottom**：ticks 刻度在軸線下方。

❸ **d3.axisLeft**：ticks 刻度在軸線左方。

❹ **d3.axisRight**：ticks 刻度在軸線右方。

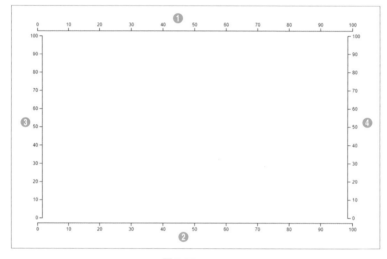

圖 7-29　**axes**

這四種建立軸線的 API 都必須帶入比例尺作為參數，並根據該比例尺建構一個 axis generator，沒有特別設定的話，軸線刻度為預設的數值。

```
const xScale = d3.scaleLinear()
                .domain([0,100])
                .range([0,currentWidth-margin]);

const xAxisGenerator = d3.axisBottom(xScale);
```

要注意的是，軸線會因為帶入的比例尺不同，而產生不同的刻度間距，如圖 7-30 所示。

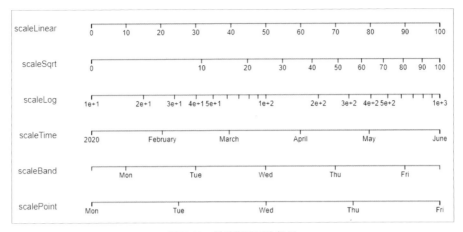

圖 7-30 **軸線與不同比例尺**

※ 圖片來源：d3indepth（https://www.d3indepth.com/axes/）

知道要用哪些方法來繪製軸線後，直接來畫個 X 軸練習一下。

STEP/ 01 先建立一個 <div>，接著用 d3.selection 選定這個元素後，建立繪製圖表的 SVG 區域，並綁定到這個元素身上：

```
// HTML
<div class="axisBottom"></div>

// JS
const width = 500;
const height = 300;

const svg = d3.select('.axisBottom')
            .append('svg')
            .attr('width', width)
            .attr('height', height)
            .style('border', '1px solid rgb(96,96,96)')
```

STEP/ 02 設定比例尺，然後用 d3.axisBottom() 建立產生軸線的方法，最後在 SVG 加上一個 <g> 元素，並使用 d3.call() 呼叫及建立軸線：

```
// 設定比例尺
const xScale = d3.scaleLinear()
```

```
                    .domain([0,100])
                    .range([0,width]);
// 設定軸線產生方法
const xAxisGenerator = d3.axisBottom(xScale);

// 建立 <g> 元素並呼叫軸線產生方法，生成軸線
const xAxis = svg.append('g')
                .call(xAxisGenerator);
```

　　看到 X 軸了，但這個 X 軸是不是有點奇怪呢？這不是我們想要的軸線，為什麼會這樣呢？

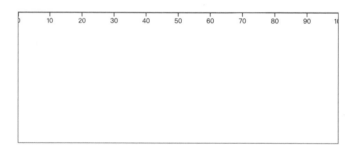

圖 7-31　**繪製 X 軸線**

　　那是因為 SVG 的原點在左上方，因此圖形是從左上方由上往下繪製，如果想要把 X 軸線左右留點空間，不要完全貼齊 SVG 邊界，並且移到下方正常 X 軸的位置，就要使用 margin 和 transform 來進行一些樣式調整：

STEP/ 01　先定義一個變數「margin」，用來設定左右的留白距離。

STEP/ 02　將輸入域的範圍設定為「寬度扣掉 margin 乘以 2」的長度，讓軸線縮短一些，這樣繪製出來的軸線才有左右留空的餘裕。

STEP/ 03　將整個包裹軸線的 <g> 元素用 transform 移到「x 位置為 margin」距離的地方，開始繪製軸線。

```
const width = 500;
const height = 300;
const margin = 20;
```

```
const svg = d3.select('.axisBottom')
            .append('svg')
            .attr('width', width)
            .attr('height', height)
            .style('border', '1px solid rgb(96,96,96)')
// 設定比例尺
const xScale = d3.scaleLinear()
              .domain([0,100])
              .range([0,width-margin*2]);

// 設定軸線產生方法
const xAxisGenerator = d3.axisBottom(xScale);

// 建立 <g> 元素並呼叫軸線產生方法，生成軸線
const xAxis = svg.append('g')
            .call(xAxisGenerator)
            .attr('transform', `translate(${margin},0)`);
```

這樣軸線左右邊的空間就出來了。

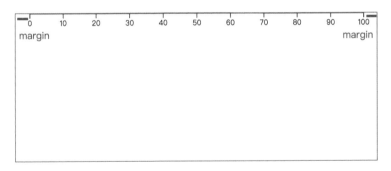

圖 7-32　繪製 X 軸線 - 留左右距離畫面

提示　除了使用 CSS 的 tramsform 方法之外，也可以直接把 X 軸的比例尺輸出域設定
為 .range(margin, width-margin)，這樣就可以在一開始直接保留前後的間距，不需
要使用 transform。

STEP/ 04 將軸線移到下方位置很簡單，一樣依靠 transform 處理，只要將軸線的 y 移動到
「SVG 的高度扣掉 marigin」的距離，就能順利將軸線移到畫面下方。

```
// 設定 transdform 調整 X 軸線位置
const xAxis = svg.append('g')
                 .call(xAxisGenerator)
                 .attr('transform', `translate(${margin},${height-margin})`);
```

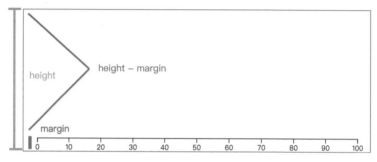

圖 7-33　完成 X 軸繪製

設定軸線細節的 APIs

即使不做任何刻度設定，axis generator 也會使用預設值來設定軸線上的刻度線段
與文字標籤。軸線上刻度的線段長度預設為「6」，兩兩間距預設為「3」，但我們也
可以使用以下幾種 API 來自行調整刻度與文字標籤的樣式，如圖 7-34 所示。

- *axis* - generate an axis for the given selection.
- *axis*.scale - set the scale.
- *axis*.ticks - customize how ticks are generated and formatted.
- *axis*.tickArguments - customize how ticks are generated and formatted.
- *axis*.tickValues - set the tick values explicitly.
- *axis*.tickFormat - set the tick format explicitly.
- *axis*.tickSize - set the size of the ticks.
- *axis*.tickSizeInner - set the size of inner ticks.
- *axis*.tickSizeOuter - set the size of outer (extent) ticks.
- *axis*.tickPadding - set the padding between ticks and labels.
- *axis*.offset - set the pixel offset for crisp edges.

圖 7-34　軸線細節設定的 API

運用以上的 API，能進行的設定包含：

- 自訂刻度的數量或數值。
- 自訂刻度的呈現文字。
- 自訂刻度的大小、長短、顏色。

以下就來說明幾個常用的 API：

axis.ticks(count[,specifier]])

這個方法通常是用來設定刻度數量與格式，它可以帶入兩個參數，第一個參數 count 用來設定刻度的數量，第二個參數 specifier 則設定刻度的文字格式。axis. ticks() 會將所帶參數傳遞給底層 scale 物件的 ticks() 與 tickFormat() 方法，並且回傳 axis generator。舉例來說，X 軸使用 d3.scaleLinear() 比例尺進行設定，並且帶入 count 參數，將刻度調整為 5 個：

```
// HTML
<div class="numberTicks"></div>

// JS
const currentWidth = 500;
const height = 100;
const margin = 20;

const svg = d3.select('.numberTicks')
              .append('svg')
              .attr('width',currentWidth)
              .attr('height',height)
              .style('border', '1px solid rgb(96,96,96)');

const xScale = d3.scaleLinear()
                 .domain([0,100])
                 .range([0,currentWidth-margin*2])
                 .nice();

const xAxisGenerator = d3.axisBottom(xScale).ticks(5);
```

```
const xAxis = svg.append('g')
                 .call(xAxisGenerator)
                 .attr('transform', `translate(${margin},${height-margin})`);
```

這樣軸線的刻度數量就會是 5 個，並加上最前方的初始值 1 個。

圖 7-35　**調整刻度數量**

 注意　雖然 axis.ticks() 可以用來調整刻度數量，但這個方法只接受 2、5、10 倍數的刻度數量，否則程式就會自動抓一個最接近的倍數自行調整。如果想呈現非 2、5、10 倍數的刻度數量，需要改用 axis.tickValue() 來調整。

如果想調整刻度的數字格式，可以設定 specifier 參數，不過格式參數必須按照官方內建字串來設定，格式參數表可以在 d3-format 官方文件 [2] 上尋找。

```
const xAxisGenerator = d3
         .axisBottom(xScale)
         .ticks(5, '.1f');
```

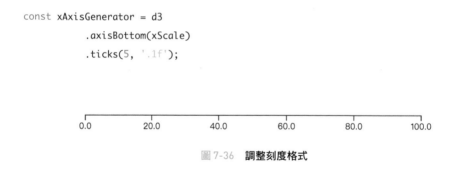

圖 7-36　**調整刻度格式**

那如果使用的是時間比例尺呢？一樣可以藉由調整 specifier 參數，把文字標籤設定成想要的日期樣式。日期格式的參數表設定可以在 d3-time-format 官方文件 [3] 上尋找。

※2　d3-format 官方文件：https://github.com/d3/d3-format。

※3　d3-time-format 官方文件：https://github.com/d3/d3-time-format。

- %a - abbreviated weekday name.*
- %A - full weekday name.*
- %b - abbreviated month name.*
- %B - full month name.*
- %c - the locale's date and time, such as `%x, %X .*`
- %d - zero-padded day of the month as a decimal number [01,31].
- %e - space-padded day of the month as a decimal number [1,31]; equivalent to `%_d` .
- %f - microseconds as a decimal number [000000, 999999].
- %g - ISO 8601 week-based year without century as a decimal number [00,99].
- %G - ISO 8601 week-based year with century as a decimal number.
- %H - hour (24-hour clock) as a decimal number [00,23].
- %I - hour (12-hour clock) as a decimal number [01,12].
- %j - day of the year as a decimal number [001,366].

圖 7-37　**時間格式參數表**

接著，我們來看一下時間比例尺的範例。

STEP/ 01　先將軸線的範圍設定成 2023 年 1 月到 2023 年 12 月，並且用 d3.scaleTime() 來設定時間比例尺：

```
// HTML
<div class="timeTicks"></div>

// JS
const currentWidth = 500;
const height = 100;
const margin = 20;
const January = new Date('2023/01')
const December = new Date('2023/12');

const svg = d3.select('.timeTicks')
            .append('svg')
            .attr('width',currentWidth)
            .attr('height',height)
            .style('border', '1px solid rgb(96, 96, 96)')

const xScale = d3.scaleTime()
                .domain([January, December])
                .range([0,currentWidth - margin * 2])
                .nice();
```

STEP/ 02 設定刻度為 12 個,使用呈現月份英文文字的格式:

```
const xAxisGenerator = d3.axisBottom(xScale)
                          .ticks(12, '%B');
const xAxis = svg.append('g')
                  .call(xAxisGenerator)
                  .attr('transform', `translate(${margin},${height-margin})`);
```

STEP/ 03 這樣軸線就完成了,如圖 7-38 所示。

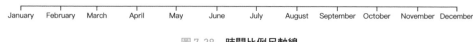

圖 7-38　時間比例尺軸線

要特別注意的是,由於 axis.ticks() 會將所帶參數傳遞給底層 scale 物件的 ticks() 與 tickFormat() 方法,所以如果使用的比例尺不包含 scale.ticks() 的話,就無法使用 axis.ticks(),例如:scaleBand 和 scalePoint 兩種比例尺。如果想調整 scaleBand 和 scalePoint 的刻度數量,要改用 axis.tickValues 來處理。

axis.tickValues([values])

這個方法可以用來指定想呈現哪些刻度,像是 scaleBand 或 scalePoint 等無法使用 axis.ticks() 來調整刻度數量的比例尺,或是有特殊刻度想呈現時,就可以使用 axis. tickValues() 這個方法來處理。

呈現指定的刻度:

```
const xAxisLinearGenerator = d3
        .axisBottom(xScaleLinear)
        .tickValues([0,20,51,58,77,100]);
```

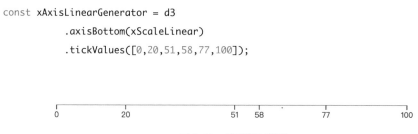

圖 7-39　呈現指定刻度

scaleBand 比例尺呈現特定刻度：

```
const data =
['鼠','牛','虎','兔','龍','蛇','馬','羊','猴','雞','狗','豬']
const xScaleBand = d3.scaleBand()
                    .domain(data)
                    .range([0,currentWidth - margin * 2]);


const xAxisBandGenerator = d3
        .axisBottom(xScaleBand)
        .tickValues(xScaleBand.domain().filter((i,idx)=>idx%2===0))
```

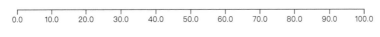

圖 7-40　scaleBand 呈現指定刻度

axis.tickFormat([format])

axis.tickFormat() 這個方法是用來調整刻度文字的樣式，參數帶入 format，可以協助我們調整想要呈現的刻度文字。

Format 參數可以帶入之前提過的 d3.format() 列表[4]中任一格式：

```
const xAxisFormatGenerator = d3.axisBottom(xScale)
                              .tickFormat(d3.format('.1f'));
```

圖 7-41　帶入 d3.format 定義的格式

也可以自訂一個方法，設定想呈現的刻度文字：

```
const xAxisGenerator = d3.axisBottom(xScale)
```

※4　d3.format() 列表：https://github.com/d3/d3-format。

```
.tickFormat(d=> `${d} 元 `);
```

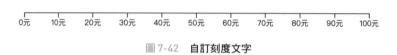

圖 7-42　**自訂刻度文字**

axis.tickSize()

軸線上的刻度線段長度預設為「6」，但可以使用 axis.tickSize 來調整全部刻度線段的長度，帶入正數就是把刻度線段向下延伸，帶入負數則是將刻度線段向上延伸。

```
const xAxisGeneratorPositive = d3.axisBottom(xScale)
                                 .tickSize(30);
```

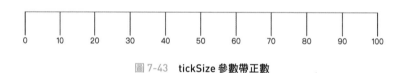

圖 7-43　**tickSize 參數帶正數**

```
const xAxisGeneratorNegative = d3.axisBottom(xScale)
                                 .tickSize(-30);
```

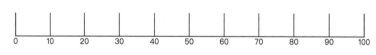

圖 7-44　**tickSize 參數帶負數**

axis.tickSizeInner([size])

d3.js 的刻度線段分成 Inner 和 Outer 兩種：

● **inner**：軸線內部的刻度線。

- **outer**：軸線最左右兩邊的起始點刻度線。

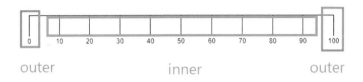

圖 7-45　**刻度線段 Inner 與 Outer**

我們可以透過 axis.tickSizeInner() 來加長或縮短內部刻度線的長度：

```
const data =
['鼠','牛','虎','兔','龍','蛇','馬','羊','猴','雞','狗','豬']
const xScale = d3.scaleBand()
                .domain(data)
                .range([0,currentWidth - margin * 2]);

const xAxisGenerator = d3.axisBottom(xScale)
                        .tickSizeInner(30);
```

圖 7-46　**調整 Inner 刻度線段長度**

注意　Outer 刻度其實並非刻度線段之一，而是隸屬於軸線的一部分，會根據選用的比例尺輸入域範圍來決定 Outer 刻度的位置，所以 Outer 刻度在某情況下會和第一個和最後一個 Inner 刻度線段重疊，例如：選用連續性比例尺（d3.scaleLinear）時。

axis.tickSizeOuter([size])

　　axis.tickSizeOuter() 用來設定軸線起始和終點刻度線段的長度。由於 Outer 刻度的位置會根據使用的比例尺調整，有可能會產生與第一個和最後一個 Inner 刻度線段重疊的情況，如下方範例：

```
const xAxisGenerator = d3.axisBottom(xScale)
                            .tickSizeOuter(30);
```

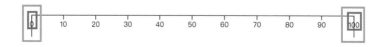

圖 7-47　**調整 Outer 刻度線段長度**

這時就可以使用 axis.tickPadding()，來調整刻度線段和文字標籤之間的距離。

axis.tickPadding([padding])

刻度線段與文字標籤的預設距離是「3」，但可以使用 axis.tickPadding() 來調整刻度線段與文字標籤的距離。

```
const xAxisGenerator = d3.axisBottom(xScale)
                            .tickPadding(60);
```

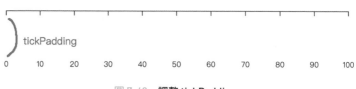

圖 7-48　**調整 tickPadding**

🏆 實作圖表的 X、Y 軸線

看完上述軸線的相關設定後，我們來實作一個完整的圖表 X、Y 軸線。

STEP/ 01 先建立一個 SVG，並設定它的寬高與邊距。

```
// HTML
<div class="xyAxes"></div>

// JS
const currentWidth = 500;
```

```
const height = 400;
const margin = 40;

const svg = d3.select(".xyAxes")
              .append("svg")
              .attr("width", currentWidth)
              .attr("height", height)
              .style("border", "1px solid rgb(96,96,96)");
```

STEP/ 02 根據手上有的資料來設定 x、y 軸線的輸入與輸出範圍，一般來說，我們會拿到這種
陣列包物件的資料集：

```
const data = [{x:100, y:20}, {x:18, y:30}, {x:90, y:250}]
```

資料集裡面帶有多筆數值，把要用來設定 X 軸的資料和用來設定 Y 軸的資料分別
整理出來：

```
// 抓出 X 軸、Y 軸需要用的資料
const xData = data.map((i) => i.x); // 得到 [100, 18, 90] 陣列
const yData = data.map((i) => i.y); // 得到 [20, 30, 150] 陣列
```

STEP/ 03 把 X 軸資料帶入建立 X 軸的比例尺，設定比例尺的輸入域與輸出域範圍，接著建立
軸線產生方法，並繪製 X 軸綁定到 SVG 上後調整一下位置。

```
// X 比例尺與軸線
const xScale = d3.scaleLinear()
                 .domain([0, d3.max(xData)])
                 .range([margin, currentWidth - margin]);

const xAxisGenerator = d3.axisBottom(xScale);
const xAxis = svg.append("g")
     .call(xAxisGenerator)
     .attr("transform", `translate(0,${height - margin})`);
```

STEP/ 04 繪製 Y 軸線，用 Y 軸資料來建立 Y 軸的比例尺，並設定比例尺輸入與輸出域範圍。

```
// Y 比例尺與軸線
const yScale = d3.scaleLinear()
                 .domain([0, d3.max(yData)])
                 .range([0, height - margin * 2]);
                 .nice();
```

　　這裡要注意的是，因為軸線是從 SVG 左上方的原點，由上往下繪製，所以當我們把輸出域的範圍設定為 [0, height ― margin*2] 時，Y 軸線就是從離原點 0 的地方開始由上往下建立，但如此一來，Y 軸的刻度數值就會由上往下遞增，如圖 7-49 所示。

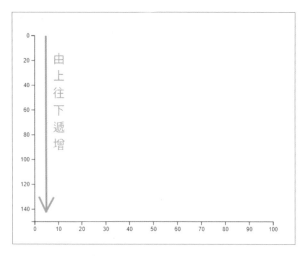

圖 7-49　**實作 XY 軸線：Y 軸刻度由上往下遞增**

STEP/ 05 為了要讓 Y 軸的數值顛倒過來，要把輸出域的數值也顛倒過來。

```
// Y 比例尺與軸線
const yScale = d3.scaleLinear()
                 .domain([0, d3.max(yData)])
                 .range([height - margin * 2, 0])
                 .nice();
```

STEP/ 06 呼叫建立 Y 軸線的方法，並把 Y 軸線綁定到 SVG 上後調整一下位置。

```
const yAxisGenerator = d3.axisLeft(yScale);

const yAxis = svg.append("g")
                 .call(yAxisGenerator)
                 .attr("transform", `translate(${margin},${margin})`);
```

這樣就能建立完整的圖表 X、Y 軸線了。

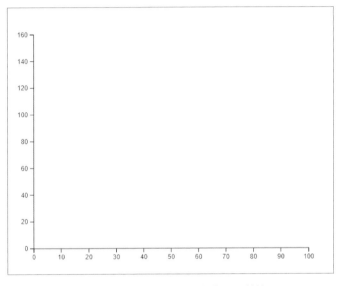

圖 7-50　**實作 X、Y 軸線 - 完成 X、Y 軸線**

注意　由於 X 軸和 Y 軸的長度分別是看 SVG 寬度和 SVG 高度，因此它們兩者的輸出域範圍設定也有所不同，不要設定錯了。

🏆 特殊軸線樣式範例

有時我們會遇到要建立特殊軸線樣式的需求，不過 D3.js 提供的軸線相關 API 有固定的設定，想使用原生的這些 API 去客製化刻度和軸線會有所侷限，這時就要借助 CSS 的力量了。

棋盤軸線樣式

如果想繪製圖 7-51 這種棋盤式的軸線，只要在繪製 X、Y 軸線時，使用 axis.ticksize() 來設定即可，如圖 7-51 所示。

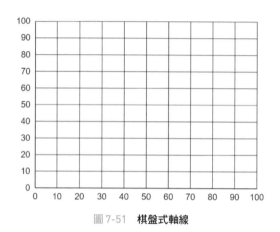

圖 7-51　**棋盤式軸線**

以 X 軸線來說，axis.tickSize() 將 X 軸向上的刻度線設為「-height + margin*2」，也就是 Y 軸線的高度：

```
// X 軸線
const xScale = d3.scaleLinear()
                .domain([0, 100])
                .range([margin, currentWidth - margin]);

const xAxisGenerator = d3.axisBottom(xScale)
                    .tickSize(`${-height + margin * 2}`)
                    .tickSizeOuter(0)
                    .tickPadding(10);

const xAxis = svg.append("g")
                .call(xAxisGenerator)
                .attr("transform", `translate(0,${height - margin})`);
```

接著，再將 Y 軸向右的刻度線設為「-currentWidth + margin*2」，也就是 X 軸線的長度：

```
// Y 軸線
const yScale = d3.scaleLinear()
                .domain([0, 100])
                .range([height - margin, margin]);

const yAxisGenerator = d3.axisLeft(yScale)
                        .tickSize( ${-currentWidth + margin * 2} )
                        .tickSizeOuter(0)
                        .tickPadding(10);

const yAxis = svg.append("g")
                .call(yAxisGenerator)
                .attr("transform", `translate(${margin},0)`);
```

這樣就能得到棋盤式的軸線了。

井字軸線樣式

但是，有些人不滿足於棋盤式軸線，他們想繪製刻度線向內、向外都有的井字形軸線，也就是 X 軸與 Y 軸互相交叉且岔出去的刻度線，如圖 7-52 所示。

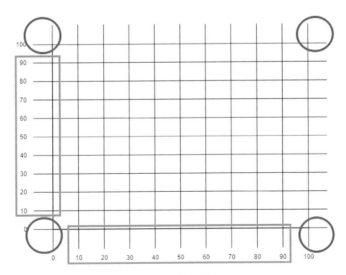

圖 7-52　井字軸線

這時如果單靠 axis.tickSize() 肯定不夠用，因此可以使用 CSS transform 這個熟悉的好夥伴來協助。

STEP/ 01 先建立 SVG 畫布。

```
// HTML
<div class="wellTicks"></div>

// JS
const currentWidth = 500;
const height = 400;
const margin = 60;

const svg = d3.select(".wellTicks")
            .append("svg")
            .attr("width", currentWidth)
            .attr("height", height);
```

STEP/ 02 建立 X 軸比例尺與軸線，並將 X 軸刻度線設定為向上與 Y 軸等高。

```
// X 軸線
const xScale = d3.scaleLinear()
            .domain([0, 100])
            .range([margin, currentWidth - margin]);

const xAxisGenerator = d3.axisBottom(xScale)
                    .tickSize(`${-height + margin}`)
                    .tickSizeOuter(0)
                    .tickPadding(40);

const xAxis = svg.append("g")
            .attr("class", "xCheckerboardAxis")
            .call(xAxisGenerator)
            .attr("transform", `translate(0,${height - margin})`);
```

STEP/ 03 建立 Y 軸比例尺與軸線，並將 Y 軸刻度線設定為向右與 X 軸等長。

```javascript
// Y 軸線
const yScale = d3.scaleLinear()
                 .domain([0, 100])
                 .range([height - margin, margin]);

const yAxisGenerator = d3.axisLeft(yScale)
                         .tickSize( ${-currentWidth + margin} )
                         .tickSizeOuter(0)
                         .tickPadding(40);

const yAxis = svg.append("g")
                 .attr("class", "yCheckerboardAxis")
                 .call(yAxisGenerator)
                 .attr("transform", `translate(${margin},0)`);
```

STEP/ 04 使用 d3.selectAll()，分別把 X 軸與 Y 軸上的刻度線 <line> 選起來，並且用 translate
調整刻度線位置，就能把刻度線調整成井字形狀。

```javascript
// 調整 tick 特殊樣式
d3.selectAll(".xCheckerboardAxis line")
  .attr(
    "transform",
    `translate(0,${margin / 2})`
  );

d3.selectAll(".yCheckerboardAxis line")
  .attr(
    "transform",
    `translate(${-margin / 2},0)`
  );
```

Grid 軸線樣式

那如果想把刻度線和延伸的輔助線分別設定不同樣式呢？如圖 7-53 中，X 軸與 Y 軸的刻度線都是黑色，但其輔助線則是淺灰色。

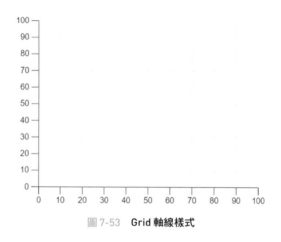

圖 7-53　**Grid 軸線樣式**

我們需要先建立 X 軸與 Y 軸，完整建立 X、Y 軸線的程式碼在前面已說明過，這裡就不再贅述，有需要的讀者可以自行往前翻閱。

X 軸與 Y 軸建立好後，我們把滑鼠滑上每個刻度時，會發現這些刻度有預設的 class 名稱：「tick」。

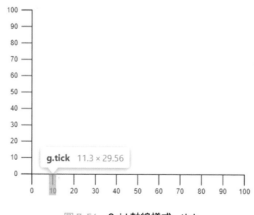

圖 7-54　**Grid 軸線樣式 - tick**

```
▶ <g class="tick" opacity="1" transform="translate(35,0)">…</g>
▶ <g class="tick" opacity="1" transform="translate(65.6,0)">…</g> == $
▶ <g class="tick" opacity="1" transform="translate(96.2,0)">…</g>
▶ <g class="tick" opacity="1" transform="translate(126.8,0)">…</g>
▶ <g class="tick" opacity="1" transform="translate(157.4,0)">…</g>
▶ <g class="tick" opacity="1" transform="translate(188,0)">…</g>
▶ <g class="tick" opacity="1" transform="translate(218.6,0)">…</g>
▶ <g class="tick" opacity="1" transform="translate(249.2,0)">…</g>
▶ <g class="tick" opacity="1" transform="translate(279.8,0)">…</g>
▶ <g class="tick" opacity="1" transform="translate(310.40000000000003,
  0)">…</g>
```

圖 7-55　Grid 軸線樣式 - tick

　　我們需要的就是這個 tick class。想要繪製不同樣式的輔助線，我們可以抓住每個 tick 刻度，對它加上一條 <line> 線段，並把高度或長度設成和軸線一樣長，這樣就能畫出輔助線：

```
// 繪製 X 軸向上的不同色軸線
d3.selectAll(".xGridAxis .tick")
  .append("line")
  .attr("x1", 0)
  .attr("y1", 0)
  .attr("x2", 0)
  .attr("y2", -height + margin * 2)
  .attr("stroke", "#e4e4e4");

// 繪製 Y 軸向右的不同色軸線
d3.selectAll(".yGridAxis .tick")
  // 不繪製第一條與 X 軸重疊的 Y 軸線
  .filter((d, i) => i !== 0)
  .append("line")
  .attr("x1", 0)
  .attr("y1", 0)
  .attr("x2", currentWidth - margin * 2)
  .attr("y2", 0)
  .attr("stroke", "#e4e4e4");
```

> 提示 上述程式碼中，使用 selection.filter() 排除掉第一條與 X 軸重疊的 Y 軸刻度輔助線，不渲染該條 Y 軸刻度輔助線，因為該條輔助線會比 X 軸線更晚渲染，如果繪製的話，會壓過 X 軸線，造成 X 軸線被覆蓋掉。

文字標籤旋轉

除了調整軸線的樣式之外，有時也需要調整刻度文字標籤的樣式。繪製軸線時，偶爾會遇到軸線刻度文字標籤太長，導致文字重疊無法辨識的情況，特別是使用 d3.scaleTime 繪製的日期文字標籤，如圖 7-56 所示。

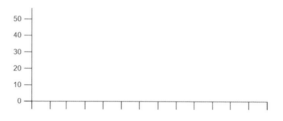

圖 7-56　文字標籤太長

這時只需要抓住 X 軸上的每個文字標籤 <text>，接著用 CSS 設定旋轉的角度，就可以把文字傾斜放置，讓它們更好閱讀：

```
// 旋轉文字標籤
d3.selectAll(".x-axis text")
  .attr(
    "transform",
    "translate(-50, 0) rotate(-45)"
  );
```

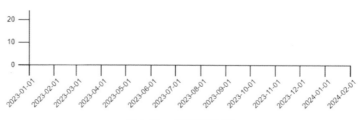

圖 7-57　文字標籤旋轉

時鐘刻度軸線

了解這麼多軸線與刻度的設定後，我們來畫個有趣的時鐘刻度，如圖 7-58 所示。

圖 7-58　**時鐘刻度**

圖 7-58 的時鐘有兩種刻度：外圈由 1 到 60 的分鐘刻度組成，每 5 分鐘加一個文字標籤；內圈由 1 到 12 的小時刻度組成，每 3 小時加一個文字標籤，我們直接來看下方程式碼。

STEP/ 01　先建立要畫軸線的 SVG，並設定好寬度與高度。

```
// HTML
<div class="clockAxis"></div>

// JS
const currentWidth = 500;
const height = 500;

const svg = d3
  .select(".clockAxis")
  .append("svg")
  .attr("width", currentWidth)
  .attr("height", height);
```

STEP/ 02 接著設定一些之後會需要的變數，包含時鐘的半徑（clockRadius）、分鐘的刻度線長度（minuteTickLength）、小時的刻度線長度（hourTickLength）等。

```
const clockRadius = height / 3,
      minuteTickLength = clockRadius - 10,
      hourTickLength = clockRadius - 18,
      radians = Math.PI / 180, // 弧度
      minuteLabelRadius = clockRadius + 15, // 分鐘半徑
      minuteLabelYOffset = 5,
      hourLabelRadius = clockRadius - 35, // 小時半徑
      hourLabelYOffset = 10;
```

STEP/ 03 設定小時刻度和分鐘刻度的比例尺。

```
// 小時比例尺 (12 小時映射到 360 度 )
const hourScale = d3.scaleLinear()
                    .domain([0, 12])
                    .range([0, 360]);

// 分鐘比例尺 (60 分鐘映射到 360 度 )
const minuteScale = d3.scaleLinear()
                      .domain([0, 60])
                      .range([0, 360]);
```

STEP/ 04 建立一個 <g> 集合標籤，並把它的起始點移動到 SVG 中心。後續要建立的刻度線都建構在這個集合標籤上，想移動整個時鐘的位置時就很方便。

```
const clock = svg
  .append("g")
  .attr("id", "clock")
  // 繪製起始點移動到 SVG 中央
  .attr(
    "transform",
    `translate(
      ${[parseInt(currentWidth / 2), height / 2]}
    )`
  );
```

STEP/ 05 建立分鐘刻度線。先使用 d3.range(0,60) 建立 60 分鐘的資料數字,並用 selection.
data() 以及 enter() 綁定資料與 <line> 元素,並設定線段的長度,最重要的是使用
transform 設定每個刻度線的位置,讓刻度線呈現圓形分布。

```
// 分鐘刻度
clock
  .selectAll(".minuteTicks")
  .data(d3.range(0, 60))
  .enter()
  .append("line")
  .attr("class", "minuteTicks")
  .attr("x1", "0")
  .attr("x2", "0")
  .attr("y1", clockRadius)
  .attr("y2", minuteTickLength)
  .attr("stroke-width", "3")
  .attr("stroke", "black")
  .attr("transform", (d) => `rotate(${minuteScale(d)})`);
```

STEP/ 06 畫面上,就出現一圈分鐘的刻度線了,如圖 7-59 所示。

圖 7-59　分鐘刻度線

STEP/ 07 加上分鐘的數字標籤,由於希望每隔 5 分鐘顯示一個分鐘數字標籤,所以資料數字
要用 d3.range(5, 61, 5) 來設定,表示從 5 到 61 的範圍中,每隔 5 呈現一個數字。

```
// 分鐘數字標籤
clock
```

```
.selectAll("minuteLabels")
.data(d3.range(5, 61, 5)) //5 到 61，間隔 5
.enter()
.append("text")
.attr("class", "minuteLabels")
.attr("text-anchor", "middle")
// 標籤的半徑乘以角度（比例尺承弧度）的正弦值 (Math.sin)
.attr("x", (d) =>
    minuteLabelRadius * Math.sin(minuteScale(d)
    * radians))
// 標籤的半徑乘以角度（比例尺承弧度）的餘弦函數
.attr("y", (d) =>
    -minuteLabelRadius * Math.cos(minuteScale(d)
    * radians) + minuteLabelYOffset)
.text((d) => d)
.style("stroke", "#A0A0A0");
```

STEP/ 08 這樣就能畫出分鐘的數字了，呈現一個完整的分鐘刻度線，如圖 7-60 所示。

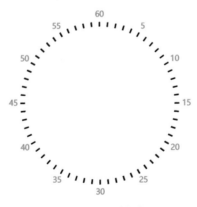

圖 7-60 **分鐘刻度**

　　只要如法炮製建立小時的刻度線及數字標籤，就能完成整個時鐘的刻度線。由於篇幅關係，這邊就不重複撰寫程式碼，有興趣的讀者歡迎進入示範網站查看。

7.3 響應式圖表（RWD）

本章最後要來介紹如何建立手機、平板、電腦螢幕都能正確顯示的響應式圖表。在前面的範例中，建立 SVG 畫布時，會設定固定的寬度與高度來建立圖表，但是當螢幕的尺寸從電腦切換爲手機時，太寬的圖表就會超出畫面範圍，如圖 7-61 所示。

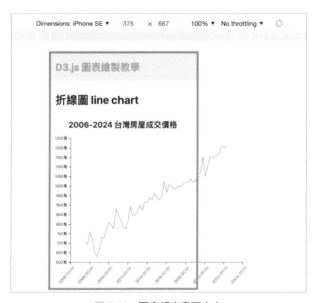

圖 7-61　圖表超出畫面大小

如果想讓圖表隨著畫面大小改變寬度，該怎麼做呢？這時只要把設定的 SVG 寬度改成隨著最外層 <div> 的寬度變化就可以了。我們直接來看範例：

STEP/ 01 先在畫面上建立一個 <div>，並將 class 名稱設定為「responsive」。

```
<div class="responsive"
    style="border: 1px solid rgb(96, 96, 96)">
</div>
```

STEP/ 02 設定最重要的 SVG 寬度。先用 d3.select() 選定先前建立的 <div>，然後使用 selection. style() 抓出這個 <div> 的寬度，再把這個寬度設定為 SVG 的寬度。如此一來，每次頁面重整並渲染時，就會去抓這個 <div> 的寬度來設定為 SVG 畫布寬度，也就是不同尺寸的畫面寬度。

```
const currentWidth = parseInt(d3.select(".responsive").style("width"));
const height = 400;
const margin = 40;

const svg = d3
  .select(".responsive")
  .append("svg")
  .attr("width", currentWidth)
  .attr("height", height)
  .style("border", "1px solid rgb(96,96,96)");
```

STEP/ 03 這樣圖表就可以隨著畫面變化而變寬或變窄，如圖 7-62、圖 7-63 所示。

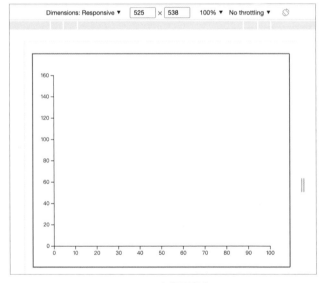

圖 7-62　**窄畫面寬度**

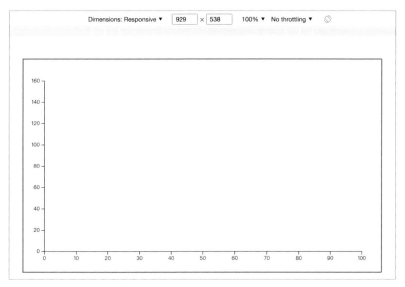

圖 7-63 　寬畫面寬度

MEMO

08

圖表動畫與
滑鼠事件

相比書本的靜態圖表，網頁圖表可以加上額外的動畫或互
動事件，不僅能產生酷炫的效果，還能和使用者進行一些
交流，十分有趣。本章將介紹怎麼撰寫圖表動畫，以及觸
發滑鼠事件來和使用者互動。

8.1 動畫

 說明　由於書面呈現的緣故，本章節的許多動畫效果無法完全以圖片呈現，想看完整動畫效果的讀者，歡迎至本書的範例網站查看：https://vezona.github.io/D3.js_vanillaJS_book/20.transition.html。

Transition 分類

　　「動畫效果」是酷炫前端網站必不可少的功能，D3.js 也知道這一點，並開發出一系列處理動畫效果的 API。筆者會介紹常用的幾種處理動畫效果的 API，想查看各項 API 的讀者也可以去 Transition 官方文件 [1] 尋找。

Transitions (d3-transition)

Animated transitions for selections.

- *selection*.transition - schedule a transition for the selected elements.
- *selection*.interrupt - interrupt and cancel transitions on the selected elements.
- d3.interrupt - interrupt the active transition for a given node.
- d3.transition - schedule a transition on the root document element.
- *transition*.select - schedule a transition on the selected elements.
- *transition*.selectAll - schedule a transition on the selected elements.
- *transition*.selectChild - select a child element for each selected element.
- *transition*.selectChildren - select the children elements for each selected element.
- *transition*.selection - returns a selection for this transition.
- *transition*.filter - filter elements based on data.
- *transition*.merge - merge this transition with another.
- *transition*.transition - schedule a new transition following this one.
- d3.active - select the active transition for a given node.
- *transition*.attr - tween the given attribute using the default interpolator.
- *transition*.attrTween - tween the given attribute using a custom interpolator.
- *transition*.style - tween the given style property using the default interpolator.

圖 8-1　**Transitions API**

※1　Transition 官方文件：https://github.com/d3/d3-transition/tree/v3.0.1。

繪製圖表動畫時，主要使用 selection.transition() 來處理動畫效果，transition() 歸類在 selection 底下，是因為它的設計邏輯由 selection 延伸而來，因此要先用 d3.select() 選定 DOM 元素後，才能將動畫綁定到回傳的 selection 實體上。

一旦把所選的 DOM 元素加上 selection.transition() 之後，就能建立動畫效果。D3.js 提供的動畫效果還多了動畫執行時間、動畫生命週期這些特性，因此可以用 Transitions 旗下的 API 來調整動畫的時長、動畫方式、延遲時間等。Transitions 類別中提供的 API 包含：

- **transition.duration()**：控制動畫時長。

- **transition.ease()**：調整動畫運作方式。

- **transition.delay()**：設定動畫延遲時間。

- **transition.on(事件 , callback)**：設定動畫產生的事件。

接著就來看看這些 API 該如何使用吧！

selection.transition([name])

這個方法會根據選取的 selection 實體回傳一個新的 transition 實體，name 參數可以帶入自己設定的名稱字串，或是帶入一個設定好的 transition 實體，例如：

```
const t = d3.transition()
            .duration(750)
            .ease(d3.easeLinear);

d3.selectAll(".apple")
  .transtition(t)
  .style("fill", "red");

d3.selectAll(".orange")
  .transtition(t)
  .style("fill", "orange");
```

從上方程式碼能看出 selection.transition() 的用法很簡單，只要選定想加上動畫的 DOM 元素，並加上 selection.transition()，接著再加上想用動畫完成的項目，這些項目就會被加上動畫。

這裡要特別說明一下，因為下一小節才會講到 D3.js 的事件觸發，所以本小節的範例中筆者都會使用 JavaScript 原生的 onclick 事件來觸發動畫。接著就來看一些 selection.transition() 的範例。

STEP/ 01 目前畫面上 [0, 0] 的位置有一個正方形，按下「移動」的按鈕後，這個正方形會被移動到 [140, 60] 的位置，如圖 8-2 所示。

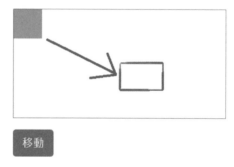

圖 8-2 **移動方塊位置**

```
// HTML
<svg class="move"
     style="border: 1px solid rgb(103, 102, 102)">
</svg>
<button type="button" class="moveBtn">
  移動
</button>

// JS
const moveRect = d3
  .select(".move")
  .append("rect")
  .attr("width", 40)
  .attr("height", 40)
  .attr("fill", "#f68b47")
```

```
        .attr("stroke", "#f68b47");

document.querySelector(".moveBtn")
    .addEventListener("click", ()=> {
        moveRect.attr("transform", "translate(140, 60)");
    });
```

STEP/ 02 按下「移動」的按鈕時，會發現正方形很生硬地從 [0, 0] 位置瞬間換到 [140, 60] 位置，如圖 8-3 所示。

圖 8-3　移動方塊位置

STEP/ 03 由於筆者希望它是平滑移動，這時就要使用 selection.transition()，如此正方形就能平滑的從 [0, 0] 位置滑動到 [140, 60] 位置了。

```
document
    .querySelector(".transitionBtn")
    .addEventListener("click", ()=> {
      transitionRect.transition()
                    .attr("transform", "translate(140, 60)");
    });
```

transition.duration([value])

如果覺得動畫的速度太快，也能使用 transition.duration() 將動畫的速度設定慢一點，只要把參數 value 帶入想讓動畫持續的毫秒數即可。例如：下方程式碼將動畫的時長設定爲 5 秒鐘：

```
document.querySelector(".moveBtn")
        .addEventListener("click", () => {
          moveRect
            .transition()
            .duration(5000) // 設定動畫時間持續 5 秒鐘
            .attr("transform", "translate(140, 60)");
        });
```

除了移動位置之外，顏色的變化、邊框粗細等，也都可以用 selection.transition() 與 transition.duration() 來調整。例如：原本是橘色的正方形，可以加上動畫，讓它漸變成帶有紅色邊框的綠色正方形，如圖 8-4 所示。

圖 8-4　**橘色正方形**

```
// HTML
<svg class="transitionColor"
     style="border: 1px solid rgb(103, 102, 102)"></svg>
<button type="button" class="transitionColorBtn">
  改變
</button>

// JS
const transitionColor = d3
  .select(".transitionColor")
  .append("rect")
  .attr("width", 40)
  .attr("height", 40)
  .attr("fill", "#f68b47")
```

```
    .attr("stroke", "#f68b47")
    .attr("transform", "translate(120, 50)");

document
  .querySelector(".transitionColorBtn")
  .addEventListener("click", () => {
    transitionColor
      .transition()
      .duration(1000)
      .attr("fill", "green")
      .attr("stroke-width", "6px")
      .attr("stroke", "red");
  });
```

這樣就能把橘色的正方形漸變爲綠色,如圖 8-5 所示。

圖 8-5　變換正方形顏色

想要加上動畫的項目,一定要放在 selection.transition() 之後,如果放在它之前,就
無法綁定動畫效果。

注意

transition.delay([value])

　　如果想要延遲動畫的開始時間,可以使用 transition.delay()。筆者覺得 transition.
delay() 有趣的地方在於,它的參數 value 可以帶入這個動畫想延遲多少毫秒,也可
以帶入一個函式,個別設定每個元素的延遲秒數,達到元素一個接一個移動的效
果,就如圖 8-6 所示的圓球由左至右依序移動。

圖 8-6　圓球由左至右依序移動

程式碼的部分，一開始同樣先設定資料，並把資料綁定到 DOM 元素上：

```
// HTML
<svg class="delay"
     style="border: 1px solid rgb(103, 102, 102)">
</svg>
<button type="button"
        class="mt-3 btn d-block btn-primary delayBtn">
  delay
</button>
```

```
// JS
const dataDelay = [160, 140, 120, 100, 80, 60, 40, 20];
const delay = d3
  .select(".delay")
  .selectAll("circle")
  .data(dataDelay)
  .enter()
  .append("circle")
  .attr("cx", (d) => d)
  .attr("cy", 30)
  .attr("r", 15)
  .attr("fill", "blue")
  .attr("opacity", "0.5");
```

接著設定按下按鈕時觸發的動畫事件，使用 transition.delay() 並帶入函式參數，來讓每一個圓球分別延遲移動，這樣就完成了：

```
document.querySelector(".delayBtn")
        .addEventListener("click", () => {
          delay
            .transition()
            .delay((d, i) => i * 200) // 分別延遲
            .attr("cx", (d) => d + 120); // 位移距離
        });
```

transition.ease([value])

接著來看另外一個有趣的 API：transition.ease()，它的參數必須帶入一個方法，用來設定動畫每一幀的時長，藉此達到不同的動畫效果。設定動畫的運作方式其實蠻複雜的，還好 D3.js 已經預先設定許多種的動畫方法，這些方法包含：

- d3.easeBack、d3.easeBackIn、d3.easeBackInOut、d3.easeBackOut。

- d3.easeBounce、d3.easeBounceIn、d3.easeBounceInOut、d3.easeBounceOut。

- d3.easeCircle、d3.easeCircleIn、d3.easeCircleInOut、d3.easeCircleOut。

- d3.easeCubic、d3.easeCubicIn、d3.easeCubicInOut、d3.easeCubicOut。

- d3.easeElastic、d3.easeElasticIn、d3.easeElasticInOut、d3.easeElasticOut。

- d3.easeExp、d3.easeExpIn、d3.easeExpInOut、d3.easeExpOut。

- d3.easeLinear。

- d3.easePoly、d3.easePolyIn、d3.easePolyInOut、d3.easePolyOut。

- d3.easeQuad、d3.easeQuadIn、d3.easeQuadInOut、d3.easeQuadOut。

- d3.easeSin、d3.easeSinIn、d3.easeSinInOut、d3.easeSinOut。

　　只要找到想使用的動畫方法，並帶入 transition.ease() 的參數就可以了。想深入了解這些動畫運作方式的讀者，可以查看 d3-ease 官方文件 [2] 對於每個方法的詳細解說。

　　不過，光是看官方文件的文字描述，實在很難理解這些動畫效果，筆者直接寫了一個畫面來展示每個動畫運作方式，如圖 8-7 所示。

圖 8-7　**transition.ease 列表**

STEP/ 01　先建立 <select> 與 <option> 選項標籤，接著畫一個圓形。

```
// HTML
<svg class="ease"
    style="border: 1px solid rgb(103, 102, 102)"></svg>
<div class="d-flex align-items-baseline">
  <select name="ease" id="ease" class="m-3">
    <option value=""></option>
  </select>
  <button
    type="button"
```

---

[2]　d3-ease 官方文件：https://github.com/d3/d3-ease。

```
    class="mt-3 btn btn-primary easeBtn"
    onClick="updateEast()">
    Ease 開始
  </button>
</div>

// JS
const easeDot = d3
  .select(".ease")
  .append("circle")
  .attr("cx", 40)
  .attr("cy", 40)
  .attr("r", 30)
  .attr("fill", "#f68b47");
```

STEP/ 02 把 D3.js 函式庫中所有的 API 都叫出來，並抓出屬於 transition.ease() 的動畫運作
API，接著帶入 <option> 中，讓我們能夠選取想要的動畫效果。

```
// 抓出 d3.js 所有 API 中名稱帶有 ease 的 API
const easeNames = Object
      .keys(d3)
      .filter((d) => d.slice(0, 4) === "ease");

d3.select("#ease")
  .selectAll("option")
  .data(easeNames)
  .join("option")
  .attr("value", (d) => d)
  .text((d) =>  d3.${d} );
```

STEP/ 03 最後設定按下按鈕時，執行目前選擇的動畫效果。

```
const updateEast = () => {
  const easeName = d3.select("#ease").node().value;
  easeDot
    // 回原點
    .attr("cx", 40)
```

```
    .transition()
    // 設定動畫效果
    .ease(d3[easeName])
    .attr("cx", 200);
};
```

STEP/ 04 結果如圖 8-8 所示，這樣就可以自己選擇想看的動畫了。

圖 8-8　**transition.ease 動畫效果**

transition.on(typenames[, listener])

前面示範的動畫效果都是在特定指令觸發後只執行一次，但如果想寫「重複執行、不停循環的動畫」該怎麼做呢？這時就可以使用 transition.on() 包含的四種事件來建立動畫。transition.on() 包含四種事件：

- **start**：動畫開始時。
- **end**：動畫結束時。
- **interrupt**：動畫被中斷。
- **cancel**：動畫被取消。

使用 transition.on() 時，將其參數 typenames 帶入四種事件之一，接著將參數 listener 設定為想執行的函式，就可以控制元素在不同的動畫階段執行不同事情。我們使用 start 事件來製作一個無限循環的動畫範例：

STEP/ 01 先在畫面上建立一個橘色圓點。

```
// HTML
<svg
  class="loopAnimation"
  style="border: 1px solid rgb(103, 102, 102)">
</svg>

// JS
const loop = d3
  .select(".loopAnimation")
  .append("circle")
  .attr("cx", 50)
  .attr("cy", 50)
  .attr("r", 25)
  .attr("fill", "#f68b47")
```

STEP/ 02 將這個圓點加上 transition.on()，並設定要觸發的動畫事件為「start」、callback function 為「goRight」。這邊的意思是每當動畫開始時，要執行 goRight 這個方法。

```
const loop = d3
  .select(".loopAnimation")
  .append("circle")
  .attr("cx", 50)
  .attr("cy", 50)
  .attr("r", 25)
  .attr("fill", "#f68b47")
  .transition()
  .duration(2000)
  .on("start", goRight);
```

STEP/ 03 設定 goRight 方法。

- 先用 d3.active(this) 抓到要加上動畫的 DOM 元素（也就是橘色圓點）。

- 接著設定圓點要移動到 200 的位置。

- 最後要加上 transition.on()，並設定要觸發的動畫事件為「start」、callback function 為「goLeft」。

```
function goRight() {
  d3.active(this)
    .attr("cx", 200)
    .transition()
    .on("start", goLeft);
}
```

STEP/ 04 設定 goLeft 方法。

● 一樣用 d3.active(this) 抓到要進行動畫的 DOM 元素（也就是橘色圓點）。

● 再來設定圓點移動到 50 的位置。

● 最後加上 transition.on()，並設定要觸發的動畫事件為「start」、callback function 則是剛剛設定的 goRight 方法。

```
function goLeft() {
  d3.active(this)
    .attr("cx", 50)
    .transition()
    .on("start", goRight);
}
```

STEP/ 05 利用 transition start 事件，設定 goRight、goLeft 兩個方法，並讓這兩個方法互相呼叫，這樣一來，就能成功做出無限循環的動畫。

幫圖表加上動畫很有趣，接下來要看更有趣的部分：「幫圖表加上事件」。

8.2 基礎滑鼠事件與互動效果

 由於書面呈現的緣故，本章節的許多互動效果無法完全以圖片呈現，想看完整互動效果的讀者，歡迎至本書的範例網站查看：https://vezona.github.io/D3.js_vanillaJS_book/21.mouse-event.html。

說明

 Handling Event 分類

D3.js 是操作 DOM 元素來建立圖表，因此 DOM 元素能使用的所有觸發事件（DOM Event）D3.js 也一樣能夠使用。現在就來看看該怎麼使用 D3.js 的事件製作圖表互動效果。

D3.js 建立了一個 Handling Event 分類專門用來處理事件，並提供四種處理事件的 API，如圖 8-9 所示。

Handling Events

- *selection*.on - add or remove event listeners.
- *selection*.dispatch - dispatch a custom event.
- d3.pointer - get the pointer's position of an event.
- d3.pointers - get the pointers' positions of an event.

圖 8-9　**Handling Event**

其中最常用到的是 selection.on 以及 d3.pointer，接著就來看看要怎麼使用這兩個 API。

selection.on(typenames[, listener[, options]])

想把 DOM 元素加上事件，要使用 selection.on() 這個 API。這個 API 之所以歸納在 selection 之下，是因為要先選定節點，才能將特定的事件綁定到這個節點上。

使用 selection.on() 要帶入三個參數，分別是：

- 想設定的事件名稱（typenames），例如：click、mouseover、mouseleave 等。
- 觸發事件後的事件處理器（listener）。
- 設定該事件處理器的特性（options），例如：capturing 或 passive。

如果把事件與動畫結合，就能做出各種有趣的效果。接著來看不同事件能做出的互動效果吧！

下方的範例中，將橘色圓點綁上點擊事件（click event），觸發事件時移動圓點位置並改變為藍色。

STEP/ 01 先在畫面上建立一個橘色的圓點。

```
// HTML
<svg class="clickSvg"
    style="border: 1px solid rgb(103, 102, 102)"
></svg>

// JS
const clickCircle = d3
  .select(".clickSvg")
  .append("circle")
  .attr("r", 20)
  .attr("cx", 20)
  .attr("cy", 20)
  .attr("fill", "rgb(246, 139, 71)")
  .attr("cursor", "pointer");
```

圖 8-10　**Click Event 畫面**

STEP/ 02 使用 selection.on 方法把這個圓點綁上點擊事件，並設定點擊後加上 transition 動畫，不但要移動位置，也要變換顏色。

```
clickCircle.on("click", (e) => {
  if (e.target.getAttribute("fill") === "rgb(246, 139, 71)") {
    d3.select(e.target)
      .transition()
      .ease(d3.easeBack)
      .duration(1000)
      .attr("fill", "blue")
      .attr("transform", "translate(250, 0)");
  } else {
```

```
      d3.select(e.target)
        .transition()
        .ease(d3.easeBack)
        .duration(1000)
        .attr("fill", "rgb(246, 139, 71)")
        .attr("transform", "translate(0, 0)");
    }
});
```

STEP/ 03 點擊橘色圓點後，它就會從 SVG 最左邊移動到最右邊，並且變成藍色圓點，如圖
8-11 所示。

圖 8-11　**Click Event 畫面**

除了 click 事件之外，還可以使用 mouseover 與 mouseleave 兩種滑鼠事件來做出
hover 變色的效果：

```
// HTML
<svg class="mouseoverSvg"></svg>

// JS
const mouseoverCircle = d3
  .select(".mouseoverSvg")
  .append("circle")
  .attr("r", 50)
  .attr("cx", 20)
  .attr("cy", 20)
  .attr("cursor", "pointer")
  .attr("fill", "rgb(246, 139, 71)")
  .attr("transform", "translate(130, 50)");
```

```
// 加上滑鼠事件
mouseoverCircle
  .on("mouseover", (e) => {
    d3.select(e.target)
      .transition()
      .duration(2000)
      .attr("fill", "blue");
  })
  .on("mouseleave", (e) => {
    d3.select(e.target)
      .transition()
      .duration(2000)
      .attr("fill", "rgb(246, 139, 71)");
  });
```

這樣當滑鼠滑到橘色圓點上，就會慢慢變成藍色圓點了。

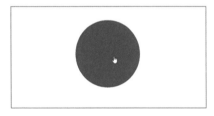
圖 8-12　mouseover 慢慢變色的畫面

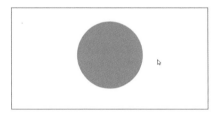
圖 8-13　mouseleave 回復橘色的畫面

　　但會使用 DOM Event 還不夠，大多數時候一個完整的圖表會包含許多 DOM 元素，如圖 8-14 所示的散點圖包含許多不同位置的點點。

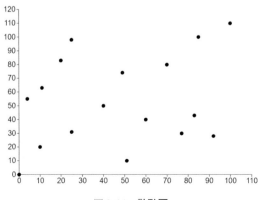
圖 8-14　散點圖

我們需要知道個別 DOM 元素在圖表中的位置，才能正確選定想操作的 DOM 元素，這時就要運用 d3.pointer() 這個方法。

d3.pointer(event[, target])

以前想取得 DOM 節點的座標軸時，可以根據不同事件去找對應的方法，例如：使用 d3.mouse、d3.touch、d3.touches、d3.clientPoint 等。但 D3.js 官方在第六版時進行了一些調整，把這些方法全部合併到 d3.pointer，再透過帶入參數的方式去指定想觸發的事件。想深入了解版本變化的人，可以看看 Migration Guide 官方文件[※3]。

使用 d3.pointer() 時，它需要帶入兩個參數，第一個參數 event 代表進行的事件，第二個參數則是指定的目標。d3.pointer() 會根據帶入的 event，回傳指定 target 的 [x, y] 座標位置，我們就可以透過這個座標去抓到指定的 DOM 元素。直接來看範例吧！

下方範例是當滑鼠移動時，顯示目前滑鼠所在的座標位置，如圖 8-15 所示。

圖 8-15　滑鼠座標

STEP/ 01　先建立 SVG，並將整個 SVG 綁定 mousemove 的事件。

```
// HTML
<svg class="pointerSVG"></svg>

// JS
const pointerSvg = d3
  .select(".pointerSvg")
  .attr("width", 500)
  .attr("height", 300)
```

※3　Migration Guide 官方文件：https://observablehq.com/@d3/d3v6-migration-guide。

```
    .attr("cursor", "pointer");

let txt = pointerSvg.append("text");

pointerSvg.on("mousemove", (e) => { // 滑鼠移動時要進行的事 });
```

STEP/ 02 使用 d3.pointer() 的方法帶入目前事件與要操作的 node 節點。

```
pointerSvg.on("mousemove", (e) => {
    let position = d3.pointer(e, pointerSvg.node());
    console.log(position);
});
```

STEP/ 03 如果把 d3.pointer() 回傳的數值 Console 出來看看，可以看到它是一個陣列，內含的兩筆資料分別代表 X、Y 的座標，這樣就抓到滑鼠的位置了，如圖 8-16 所示。

```
▼ (2) [290.97857666015625, 295.1520080566406] ⓘ
    0: 290.97857666015625
    1: 295.1520080566406
    length: 2
  ▶ [[Prototype]]: Array(0)
```

圖 8-16　d3.pointer 回傳的座標陣列

STEP/ 04 我們可以簡單設定一個 <text> 來呈現滑鼠當下的座標，這樣當滑鼠在 SVG 中移動時，就可以看到當下的 X、Y 座標。

```
pointerSvg.on("mousemove", (e) => {
  let position = d3.pointer(e, pointerSvg.node());
  console.log(position);

  txt
    .attr("x", position[0]) // 取 [x]
    .attr("y", position[1]) // 取 [Y]
    .text(`X：${parseInt(position[0])} ，
           Y：${parseInt(position[1])}`);
});
```

學會 selection.on 和 d3.pointer 後，就可以做出很多有趣的互動效果。

> 說明　由於書面呈現的緣故，本章節的工具提示框效果無法完全以圖片呈現，想看完整工具提示框呈現效果的讀者，歡迎至本書的範例網站查看：https://vezona.github.io/D3.js_vanillaJS_book/22.tooltips.html。

本小節要來說明 D3.js 中最輕鬆簡單的「工具提示框」（Tooltips）。所謂的「工具提示框」，就是在觸發事件時加上一個 <text> 或 <div> 標籤，裡面放置想呈現的資訊，就像是圖 8-17 右邊所示的資訊提示框。

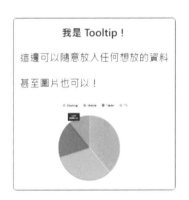

圖 8-17　**Tooltips 範例**

進階 tooltips 範例：圓點畫面

那該怎麼設定呢？來看範例吧！ tooltips 的概念很簡單，其實就是觸發 DOM 事件時，顯示一個 DOM 元素而已，困難的地方是該如何設定這個 tooltips 的位置。下方範例中，有一整組資料要綁定到 SVG 上並建立圓點，而且每個圓點的位置都不一樣：

```
// HTML
<div class="advancedTooltip"></div>
```

```js
// JS
const tooltipsData = [
  { r: 17, x: 134, y: 181 },
  { r: 23, x: 294, y: 131 },
  { r: 14, x: 84, y: 273 },
  { r: 9, x: 323, y: 59 },
  { r: 18, x: 172, y: 251 },
  { r: 26, x: 404, y: 154 },
];
```

STEP/ 01 先建立一個 SVG 畫布。

```js
// 建立 SVG
const svg = d3
  .select(".advancedTooltip")
  .append("svg")
  .attr("width", 500)
  .attr("height", 400);
```

STEP/ 02 根據手上有的資料來設定圓點。先使用 d3.scaleOrdinal 及 d3.schemeTableau10 來設定圓點的顏色；再使用 selection.data 與 selection.enter、selection append 來把資料綁定到畫面上並建立圓點，這時畫面上出現六個不同大小與顏色的圓點，如圖 8-18 所示。

```js
// 設定顏色
const rData = tooltipsData.map((i) => i.r);
const colors = d3
  .scaleOrdinal(d3.schemeTableau10)
  .domain(rData);

// 建立圓點
const dots = svg
  .selectAll("circle")
  .data(tooltipsData)
  .enter()
  .append("circle")
  .attr("r", (d) => d.r)
```

```
.attr("cx", (d) => d.x)
.attr("cy", (d) => d.y)
.attr("fill", (d) => colors(d.x))
.style("cursor", "pointer");
```

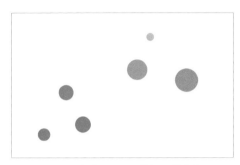

圖 8-18　**進階 tooltips 範例：圓點畫面**

建立 tooltips 標籤

　　接著，我們要建立最重要的 tooltips 標籤。先選定想添加 tooltips 的 DOM 元素，並且把這個 DOM 元素加上 {positiion:relative} 的樣式，接著使用 selection.append 加上一個 <div>，這個 <div> 就是所謂的 tooltips，我們可以對這個 tooltips 設定各種樣式、字體、邊框、背景顏色、內容文字等，但最重要的是必須要把 tooltips 的樣式設定為 {positiion:absolute}，並且把它用 {display:none} 隱藏起來。

```
// 建立 tooltip
const tooltip = d3
  .select(".advancedTooltip")
  .style("position", "relative")
  .append("div")
  .style("display", "none")
  .style("position", "absolute")
  .style("background-color", "white")
  .style("border", "solid")
  .style("border-width", "2px")
  .style("border-radius", "5px")
  .style("padding", "5px");
```

　　然後把剛剛建立的圓點都加上 mouseover 與 mouseleave 事件。當滑鼠滑過圓點時，要把 tooltips 移到剛好的位置上，這時就要用到上一小節學到的 d3.pointer API，以下筆者拆分程式碼的步驟一一說明：

STEP/ 01　當 mouseover 事件觸發時，先使用 d3.pointer 找出滑鼠目前的座標位置。

STEP/ 02　接著把這個座標位置設定給 tooltips。為了不讓 tooltips 擋住整個游標，我們可以將 X 座標位置多加 30px，如此 tooltips 就會出現在圓點的右方 30px 方位；Y 座標也是使用一樣的邏輯去設定。

STEP/ 03　透過 e.target.__data__，能抓出每個 <circle> 綁定的資料。只要把 tooltips 的 HTML 內容加上 e.target.__data__.r，就能順利取得圓點的半徑。

STEP/ 04　當滑鼠移開圓點時 tooltips 要跟著消失，因此設定 moseleave 時隱藏 tooltips，如此便可以利用 tooltips 來呈現每個圓點各自的資訊了，如圖 8-19 所示。

```
dots
  // 顯示 tooltip
  .on("mousemove", (e) => {
    // 抓圓點位置
    let pt = d3.pointer(event, e.target);
    tooltip
      .style("display", "block")
      // 設定 tooltips 位置
      .style("left", `${pt[0] + 30}px`)
      .style("top", `${pt[1]}px`)
      // 抓到綁定在 DOM 元素的資料
      .html("圓半徑：" + e.target.__data__.r);
  })
  .on("mouseleave", () => {
    tooltip.style("display", "none");
  });
```

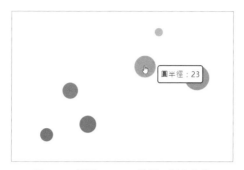

圖 8-19　進階 tooltips 範例 - 設定事件

　　Tooltips 是一個好用又簡單的小工具，可以增加圖表互動時想呈現的資訊，非常實用。

> 注意　顯示或隱藏 tooltips 時，建議使用 {display:none} 以及 {display:block}，而不是 {opacity:0} 或 {opacity:1}。因為如果使用 opacity 隱藏 tooltips，但其 DOM 元素本身還存在，可能會遮擋住其他 DOM 元素，影響其他 DOM 元素觸發事件。

MEMO

09

圖表進階互動
事件

除了基礎的 DOM Event 之外，D3.js 也提供許多進階的
圖表互動功能，能有效協助使用者在閱讀圖表時更加方
便。

上一章節介紹 D3.js 如何處理基礎的 DOM 事件，本章將接著介紹一些進階的互動事件，例如：拖曳、縮放等，這些都是圖表中常見的互動事件，不僅能讓圖表更加有趣，也能提供更多資訊給讀者。

9.1 拖曳

>
> 由於書面呈現的緣故，本章節的許多拖曳效果無法完全以圖片呈現，想看完整拖曳效果的讀者，歡迎至本書的範例網站查看： https://vezona.github.io/D3.js_vanillaJS_book/23.drag.html。

Dragging 分類

D3.js 的官方文件提供許多 API 協助實現「拖曳」（Dragging）功能，而這些 API 都歸類在 Dragging 分類之下。想使用 D3.js 拖曳功能的話，可以先用 d3.drag 來建立 drag 事件，並設定拖曳過程中的特定細節，以下直接選幾個常用的拖曳 API 來解說。

d3.drag()

d3.drag() 是用來建立 drag 事件的方法，能讓開發者輕鬆實現拖曳功能。呼叫 d3.drag() 時，它會回傳一個 drag 方法。如果想使用這個 drag 方法，就要用 selection.call() 將回傳的 drag 方法綁定到選定的 DOM 元素身上。

drag.on(typenames, [listener])

建立 drag 方法後，再來可以使用 drag.on() 設定拖曳事件的細節。drag.on() 可以帶入兩個參數，分別是「事件」（typenames）和「函式」（listener）。所謂的事件參數（typenames）代表拖曳事件的三種不同階段，分別是：

- **start**：拖曳開始。

- **dragged**：拖曳期間。

- **end**：拖曳結束。

　　設定好要在哪個拖曳階段觸發事件後，接著就可以在函式中撰寫想進行的操作。我們直接來看一個簡單的拖曳範例。

拖曳範例：拖曳圓點並變色

　　畫面上有一群淺綠色的圓點，當滑鼠點擊選定的圓點時，圓點不但會變色，也能被自由拖曳到指定位置，如圖 9-1 所示。

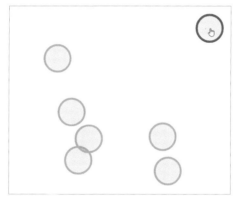

圖 9-1　**拖曳並移動選中的圓點**

　　實際來看這個範例的程式碼，我們先建立 SVG 標籤並設定資料集：

```
// HTML
<div class="dragContainer"></div>

// JS
const data = [
  { name: "A", x: 200, y: 340 },
  { name: "B", x: 220, y: 300 },
  { name: "C", x: 250, y: 198 },
  { name: "D", x: 360, y: 296 },
  { name: "E", x: 160, y: 150 },
```

```
  { name: "F", x: 370, y: 360 },
  { name: "G", x: 187, y: 250 },
];

const currentWidth = parseInt(
  d3.select(".dragContainer").style("width")
);
const heigth = 400;

const svg = d3
  .select(".dragContainer")
  .append("svg")
  .attr("width", currentWidth)
  .attr("height", heigth);
```

接著建立 <circle>，將手上的資料集與 DOM 元素綁定，並建立圓點：

```
// 建立圓點
const dots = svg
  .append("g")
  .selectAll("circle")
  .data(data)
  .join("circle")
  .attr("r", 25)
  .attr("cx", (d) => d.x)
  .attr("cy", (d) => d.y)
  .style("fill", "#19d3a2")
  .style("fill-opacity", 0.3)
  .attr("stroke", "#b3a2c8")
  .style("stroke-width", 4)
  .style("cursor", "pointer");
```

再來就是最重要的步驟：「建立拖曳事件」。筆者一樣依步驟來解說：

STEP/ 01 先使用 d3.drag() 建立拖曳事件。

STEP/ 02 使用 drag.on() 設定不同拖曳階段 DOM 元素的變化。

- **start**：最開始觸發拖曳事件時，讓選定的圓點邊框變成藍色。
- **drag**：拖曳期間使用 d3.pointer 計算目前滑鼠的 X、Y 座標，並把座標的位置設定給該圓點。
- **end**：拖曳事件結束後，將選定的圓點變回原本的邊框顏色。

STEP/ 03 最後只要選定想操作的 DOM 元素，並使用 d3.call() 呼叫剛剛建立的事件就可以了。

```
// 建立拖曳方法
const drag = d3
  .drag()
  .on("start", dragStart)
  .on("drag", dragging)
  .on("end", dragEnd);

function dragStart() {
  d3.select(this).style("stroke", "blue");
}

function dragging() {
  const pt = d3.pointer(event, this);
  d3.select(this).attr("cx", pt[0]).attr("cy", pt[1]);
}
function dragEnd() {
  d3.select(this).style("stroke", "#b3a2c8");
}

// 呼叫拖曳方法
dots.call(drag);
```

這樣拖曳的互動就完成了，現在可以隨心所欲地把圓點拖曳到任何地方。

9.2 縮放

> **說明** 由於書面呈現的緣故，本章節的許多縮放效果無法完全以圖片呈現，想看完整縮放效果的讀者，歡迎至本書的範例網站查看：https://vezona.github.io/D3.js_vanillaJS_book/24.zoom.html。

 **Zooming 分類**

　　「縮放」（Zooming）是網頁圖表中很常見的一個互動功能。當資料太多、圖表資訊太密集時，就能透過縮放功能來放大圖表特定區域，讓使用者更方便瀏覽圖表並找到想要的資訊。

　　使用 D3.js 的方法設定縮放功能時，它其實同時包含了「平移」和「縮放」兩種功能，讀者能使用滑鼠滾輪或手指觸控的方式，在畫面上進行相對應的操作。由於縮放功能與多種原生 DOM 事件相呼應，Zoom 官方文件[1] 上列出每個原生 DOM 事件呼應哪種 Zoom 的操作以及由什麼元素觸發等。

原生 DOM 事件	監聽的元素	Zoom 事件	預設阻止
mousedown（滑鼠點擊開始）	selection	start	無
mousemove（滑鼠移動）	window	zoom	有
mouseup（滑鼠放開）	window	end	有
dragstart（拖曳開始）	window	-	有
selectstart（選取開始）	window	-	有
click（滑鼠點擊）	window	-	有
dblclick（滑鼠雙擊）	selection	multiple 放大	有
wheel（滑鼠滾輪）	selection	zoom	有
touchstart（觸控開始）	selection	multiple 放大	無
touchmove（觸控移動）	selection	zoom	有

※1　Zoom 官方文件：https://github.com/d3/d3-zoom/tree/v3.0.0。

原生 DOM 事件	監聽的元素	Zoom 事件	預設阻止
touchend（觸控結束）	selection	end	無
touchcancel（觸控取消）	selection	end	無

　　因爲縮放功能有點複雜，也有許多細節要設定，D3.js 官方專門開了一個 Zooming 分類，包含許多調整縮放細節的 API，有興趣的讀者可以自行上 Zooming 官方文件 [※2] 查看。以下筆者則會介紹幾個常用到的縮放 API。

d3.zoom()

　　使用 d3.zoom() 時，它會建立並回傳一個縮放的行爲（zoom behavior），回傳的這個 zoom 是個物件，同時也是函式。而且和 d3.drag() 一樣，d3.zoom() 也必須使用 selection.call() 來呼叫縮放方法，並把縮放事件綁定到 DOM 元素上。

```
// 建立 Zoom 事件
const zoom = d3.zoom();
console.log(zoom);

// 將選取的 DOM 元素添加縮放方法
selectedDOM.call(zoom);
```

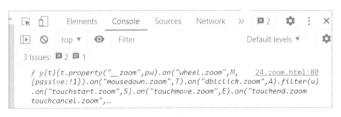

圖 9-2　**d3.zoom 回傳的 zoom function**

　　我們使用 d3.zoom 建立縮放事件，並將縮放事件綁訂到選取的 DOM 元素上，接著觸發縮放事件時，就會在每個選取的元素上初始建立一個 zoom transform，並轉換爲個別的 transform。這個 transform 很重要，它會儲存每個元素目前的縮放狀態，因爲縮放事件可以同時套用在多個元素身上，但每個元素的縮放狀態都有可能不同。

※2　Zooming 官方文件：https://github.com/d3/d3/blob/main/API.md#zooming-d3-zoom。

如果想調整縮放的狀態，可以透過兩種方式改變：

- 使用者直接操作圖表，並進行互動。

- zoom.transform 方法。

接著就來介紹一下怎麼透過 zoom.transform 來調整縮放狀態。

zoom.transform(selection, transform[, point])

zoom.transform 用來對選定的 DOM 元素進行平移和縮放操作，使用它時要帶入三個參數，分別是：

- **selection**：必填參數，代表選取要進行縮放與平移操作的 DOM 元素。

- **transform**：必填參數，代表要對 DOM 元素進行縮放或平移轉換。transform 是一個包含 x、y、k 三種屬性的物件，其中 x 和 y 屬性表示平移量，k 屬性則表示縮放比例。如以下範例：

```
const zoomed = (e) => {
  // 抓出 transform 物件
  const transform = e.transform;
  console.log(transform);
};
const zoom = d3.zoom().on("zoom", zoomed);

// 呼叫 Zoom 事件
svg.call(zoom);
```

印出來的 transform 物件如圖 9-3 所示，帶有 x、y、k 三種屬性。

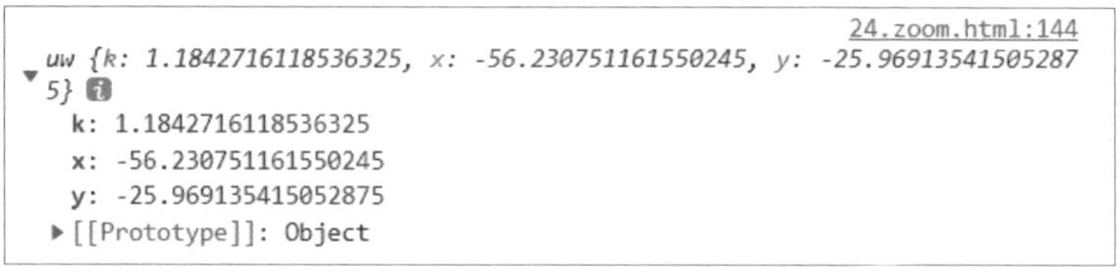

```
                                                24.zoom.html:144
▼ uw {k: 1.1842716118536325, x: -56.230751161550245, y: -25.96913541505287
  5} ℹ
    k: 1.1842716118536325
    x: -56.230751161550245
    y: -25.969135415052875
  ▶ [[Prototype]]: Object
```

圖 9-3　**zoom transform**

- **point**：非必填參數，用來指定縮放和平移操作的中心點。有指定 point 參數的話，zoom.transform() 方法會以指定的點爲中心，進行縮放與平移操作，否則預設使用 DOM 元素的中心點。

zoom.translateBy(selection, x, y)

透過 zoom.translateBy()，我們可以沿著 X 軸與 Y 軸平移選定的 DOM 元素。這個方法接受三個參數：

- **selection**：代表選定的元素。
- **x**：代表要沿著 X 軸平移的數值。
- **y**：代表要沿著 Y 軸平移的數值。

```
const zoom = d3.zoom()
              .on("zoom", (e)=> circle.attr("transform", e.transform))

// 呼叫 Zoom 事件
svg.call(zoom);

// 將 SVG 往 X 座標移動 -80px、Y 座標移動 80px
zoom.translateBy(svg, -80, 80);
```

```
<!-- zoom.transformBy -->
▼<div>
  ▶<h5 class="mt-5"> ⋯ </h5>
  ▼<div class="my-3 zoomTranslateBy">
    ▼<svg width="516" height="300" style="border: 1px solid gray;">
        <circle id="dot" cx="258" cy="150" r="40" fill="#69b3a2" transform=
        "translate(-80,80) scale(1)"></circle> == $0
      </svg>
    </div>
    <p class="mt-1 mb-1 fs-6">程式碼</p>
  ▶<div class="code-toolbar"> ⋯ </div>
  </div>
```

圖 9-4　**zoom.translateBy 畫面**

zoom.translateTo(selection, x, y[, p])

透過 zoom.tramslateTo()，可以把選定的 DOM 元素平移到指定的座標位置。它的參數和 zoom.translateBy() 一樣，但多了一個 p 參數，代表指定原始點座標的位置，並從這個點開始移動。如果沒有指定 p 參數的話，預設值為 SVG viewport 的中心點。

```
const zoom = d3
  .zoom()
  .on("zoom", (e) => circle.attr("transform", e.transform));

// 呼叫 Zoom 事件
svg.call(zoom);

// 移動 SVG 到以 p 點為主，X 軸 -10、Y 軸 -10+6 的地方
zoom.translateTo(svg, 10, 10, [0, 6]);
```

```
<!-- zoom.translateTo -->
▼<div>
  ▶<h5 class="mt-5"> ⋯ </h5>
  ▼<div class="my-3 translateTo">
    ▼<svg width="516" height="300" style="border: 1px solid gray;">
        <circle id="dot" cx="258" cy="150" r="40" fill="#69b3a2"
        transform="translate(-10,-4) scale(1)"></circle> == $0
    </svg>
  </div>
  <p class="mt-1 mb-1 fs-6">程式碼</p>
  ▶<div class="code-toolbar"> ⋯ </div>
```

圖 9-5　**Zoom.translateTo 程式碼**

zoom.extent([x0, y0], [x1, y1])

這個 API 是用來設定 SVG viewport 的範圍，[x0, y0] 代表 SVG 左上方的起點位置，[x1, y1] 則代表終點的座標。藉由這個方法，就能把縮放畫布限縮在某個 viewport 範圍中。

```
const zoom = d3.zoom().extent([[0, 0], [250, 250]])
```

zoom.scaleExtent([k0, k1])

它可以設定縮放係數的大小範圍，k0 代表縮放的最小值，k1 則是縮放的最大值，縮放的比例則會被限制在最小值和最大值中間，預設是 [0, ∞]。如果兩個值都設定為「1」的話，就代表不能放大或縮小。

zoom.duration([duration])

這個 API 用來設定滑鼠雙擊或觸控雙擊時 zoom 縮放的變換時長，參數 duration 帶入想延長的毫秒數。如果沒有特別設定的話，預設是 250 毫秒。

zoom.on(typenames[, listener])

zoom.on() 是很重要的 API，主要是用來監聽縮放事件。如果想要取消某些原生事件，讓它不要與縮放事件呼應，也可以用 zoom.on() 把某事件設定為「null」，例如：

```
selection.call(zoom).on("wheel.zoom", null);
```

這樣當滑鼠滾輪滾動時，就不會觸發縮放事件了。

d3.zoomIdentity()

這是一個比較特別的 API，可以用來設定 transform 物件的狀態。想讓縮放後的物件回復到原本狀態時，可以這樣寫：

```
resetBtn.on("click", () => {
  const transform = d3.zoomIdentity.scale(1);
  svg.call(zoom.transform, transform);
});
```

了解這些縮放的細節設定後，我們接著來看一些範例實際練習吧！

縮放範例：圓點縮放

先來寫一個最基本的縮放範例。畫面上有一個綠色的圓點，筆者希望對 SVG 雙擊或滾動滑鼠滾輪時，綠色的圓點可以放大或縮小。

圖 9-6　**縮放基本範例 - 初始畫面**

圖 9-7　**縮放基本範例 - 放大畫面**

先建立 SVG 畫布，並加上一個圓點：

```
const width =parseInt(d3.select(".zoomBasic").style("width"));
const height = 300;
const svg = d3
  .select(".zoomBasic")
  .append("svg")
  .attr("width", width)
  .attr("height", height)
  .style("border", "1px solid gray");

// 加個圓點
const circle = svg
  .append("circle")
  .attr("id", "dot")
  .attr("cx", width / 2)
  .attr("cy", height / 2)
  .attr("r", 40)
  .attr("fill", "#69b3a2");
```

接著對 SVG 建立縮放事件，步驟如下：

STEP/ 01 使用 d3.zoom() 建立縮放事件。

STEP/ 02 使用 zoom.extent() 限定縮放的 viewport 視窗範圍。

STEP/ 03 使用 zoom.scaleExtent() 限制縮放大小範圍。

STEP/ 04 使用 zoom.duration() 設定縮放時長為 600 毫秒。

STEP/ 05 使用 zoom.on() 來監聽 zoom 縮放事件啟動後要進行什麼動作。

STEP/ 06 在 zoom.on() 的事件處理器中，設定縮放時要使用 zoom transform 物件去調整圓點的 CSS transform 數值。

STEP/ 07 最後使用 selection.call() 對選定的 SVG 呼叫縮放事件，這樣就可以自由縮放這個圓點了。

```javascript
// 建立 Zoom 事件
const zoom = d3
  .zoom()
  .extent([
    [0, 0],
    [250, 250],
  ])
  .scaleExtent([-5, 5])
  .duration(600)
  .on("zoom", (event) => {
    // 這邊決定要放大誰
    // 使用 event.transform 調整選定元素的 transform
    circle.attr("transform", event.transform);
  });

// 呼叫 Zoom 事件
svg.call(zoom);
```

9.3 選取刷

說明

由於書面呈現的緣故，本章節的選取刷效果無法完全以圖片呈現，想看完整選取刷效果的讀者，歡迎至本書的範例網站查看：https://vezona.github.io/D3.js_vanillaJS_book/25.brush.html。

Brushes 分類

　　「選取刷」（Brush）是用來選取圖表上的區間段，接著對此區間段內的元素進行設定，例如：變色、移位、放大縮小等，效果會如圖 9-8 所示，矩形的部分就是使用 brush 選起來的區間。

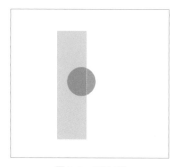

圖 9-8　**選取刷**

　　了解「選取刷」怎麼運作之後，現在來看 Brushes 官方文件[3] 提供了哪些 API 給選取刷這個功能。由於 d3.brush 主要用來建立選取區間，相對來說，是比較容易的功能，因此 D3.js 提供來處理選取刷效果的 API 比較少，圖 9-9 中所示的 API 就是全部的 API。

---

[3]　Brushes 官方文件：https://github.com/d3/d3/blob/main/API.md#brushes-d3-brush。

> **Brushes (d3-brush)**
>
> Select a one- or two-dimensional region using the mouse or touch.
>
> - d3.brush - create a new two-dimensional brush.
> - d3.brushX - create a brush along the x-dimension.
> - d3.brushY - create a brush along the y-dimension.
> - *brush* - apply the brush to a selection.
> - *brush*.move - move the brush selection.
> - *brush*.clear - clear the brush selection.
> - *brush*.extent - define the brushable region.
> - *brush*.filter - control which input events initiate brushing.
> - *brush*.touchable - set the touch support detector.
> - *brush*.keyModifiers - enable or disable key interaction.
> - *brush*.handleSize - set the size of the brush handles.
> - *brush*.on - listen for brush events.
> - d3.brushSelection - get the brush selection for a given node.

圖 9-9　Brushes API

　　接著筆者會介紹幾個比較常用的 API，想了解更多的讀者歡迎自行上 Brush 官方文件[4] 查看。

d3.brush()、d3.brushX()、d3.brushY()

　　先來看最主要用來建立 brush 的方法：d3.brush()。使用 d3.brush() 時，它會建立一個二維 brush，並自動帶入 SVG 的滑鼠和觸控事件，我們就能用滑鼠或手指觸控來進行操作。

　　除了使用 d3.brush() 之外，如果只想建立一維 X 軸向的 brush，可以用 d3.brushX() 這個 API；反之，如果想建立一維 Y 軸向的 brush，則是使用 d3.brushY()。

　　建立好 brush 之後，接著使用 selection.call() 的方法把建立好的 brush 綁定到選定的 DOM 元素上，然後就能使用 brush.on() 來監聽 brush 事件。

```
const brushEvent = d3.brush().on("brush", brushed);
svg.call(brushEvent);
```

※4　Brushes 官方文件：https://github.com/d3/d3-brush/tree/v3.0.0。

brush.on(typenames[, listener])

這個方法主要用來監聽 brush 事件。brush 事件的觸發時機分成三種：

- **start**：選取開始。
- **brush**：選取進行中。
- **end**：選取結束。

因此可以針對不同的觸發時機使用不同的方法，例如：

```
const brushEvent = d3.brush()
                .on("start brush", () => { // 選取開始時要做什麼事 ...})
                .on("end",() => { // 選取結束時要做什麼事 ...});
```

一旦開始監聽 brush 事件之後，每個事件就會包含以下幾種屬性：

- **target**：觸發 brush 行為的元素。
- **type**：目前的觸發時機為何，例如：start、brush、end。
- **selection**：目前綁定 DOM 元素的 brush 選取集合。這個集合一般是包含數字的陣列，如果 brush 是二維，此集合的屬性值會是 [[x0, y0], [x1, y1]]。我們能運用 event.selection 來判斷 DOM 元素是否在選取範圍內。
- **sourceEvent**：原生事件，例如：mousemove 或 touchmove。
- **mode**：brush 當下的狀態，例如：drag、space、handle、center 等。

brush.extent([[x0, y0], [x1, y1]])

這個方法是用來設定允許刷取的範圍，[x0, y0] 用來設範圍左上角位置，[x1, y1] 則是設定範圍右下角位置。一般來說，會將選取範圍設定成與 SVG 畫面一樣大或是稍微大一點。

```
const brushEvent = d3.brush()
                .extent([[0, 0], [width, height]])
                .on("start brush", brushed);
svg.call(brushEvent);
```

brush.handleSize([size])

這個方法是用來設定 brush 把柄的大小，沒有特別設定的話，其預設尺寸為「6」。要注意的是，這個方法必須要在用 selection.call() 呼叫，並綁定 brush 之前使用。

看完選取刷的相關設定 API 後，我們直接來看看實際範例。

選取刷範例：選取圓點變色

這個範例是要建立一個選取刷，將選取到的圓點變成深藍色。

圖 9-10　**選取的圓點變色**

首先，在畫面上建立 SVG 與兩個圓點：

```
// HTML
<div class="brush"></div>

// JS - 建立 SVG
const width = parseInt(d3.select(".brush").style("width"));
const height = 350;
const svg = d3
  .select(".brush")
  .append("svg")
  .attr("width", width)
  .attr("height", height)
  .style("border", "1px solid gray");

const data = [
```

```
  { r: 20, x: 200, y: 120 },
  { r: 35, x: 350, y: 280 },
];

// 加上圓點
const dots = svg
  .selectAll("circle")
  .data(data)
  .join("circle")
  .attr("r", (d) => d.r)
  .attr("cx", (d) => d.x)
  .attr("cy", (d) => d.y)
  .style("fill", "#69b3a2");
```

再來設定 brush 事件觸發後，要進行什麼操作。由於筆者希望被 brush 選到後圓點會變色，因此設定當選取刷運作時，要把位於選取範圍內的圓點樣式改為藍色：

```
// 設定 brush 的功能
// 使用 event.selection 取得目前 selection
// selection 會產出一個二維陣列，
// 分別代表 `x0`、`x1`、`y0`、`y1`，左上到右下的位置，
// 讓開發者有辦法重新計算目前位置的 extent，進而進行其他操作。
const brushed = (event) => {
  const extent = event.selection;
  dots.style("fill", (d) =>
    isBrushed(extent, d.x, d.y) ? "blue" : "#69b3a2"
  );
};
```

那要怎麼知道目前的選取範圍是多少呢？這時就要運用到 event 中的 seletion。如果把上方 brushed 方法的參數 event 印出來，會發現它如圖 9-11 所示。

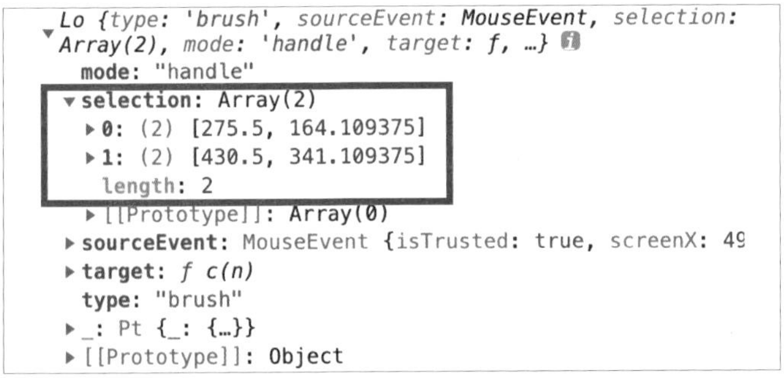

```
  ▼Lo {type: 'brush', sourceEvent: MouseEvent, selection:
  ▼ Array(2), mode: 'handle', target: f, …} ℹ
      mode: "handle"
   ▼selection: Array(2)
     ▶0: (2) [275.5, 164.109375]
     ▶1: (2) [430.5, 341.109375]
      length: 2
     ▶[[Prototype]]: Array(0)
   ▶sourceEvent: MouseEvent {isTrusted: true, screenX: 49
   ▶target: f c(n)
     type: "brush"
   ▶_: Pt {_: {…}}
   ▶[[Prototype]]: Object
```

圖 9-11　brush event

　　這時的 event.selection 就是選取刷左上與右下的範圍座標。接著，設定 isbrushed 的方法，確認圓點是否在 brush 選到的區塊內：

```javascript
// 判斷圓點是否在 brush 選到的區塊內
const isBrushed = (brush_coors, cx, cy) => {
  let x0 = brush_coors[0][0],
    x1 = brush_coors[1][0],
    y0 = brush_coors[0][1],
    y1 = brush_coors[1][1];

  // 如果圓點在 brush 的範圍內，就會傳 true；反之，則回傳 false
  return x0 <= cx && cx <= x1 && y0 <= cy && cy <= y1;
};
```

　　最後，只要建立 brush 事件，帶入剛剛設定的方法，再將 brush 事件綁定到 SVG 上就可以了：

```javascript
// 建立 brush 事件
const brushEvent = d3
  .brush()
  // extent 限制刷子的活動區塊，理想是比 SVG 畫布稍大
  .extent([
    [0, 0],
    [600, 600],
  ])
  // 綁定 brush 事件
```

```
        .on("start brush", brushed);

// 呼叫 brush 事件
svg.call(brushEvent);
```

　　這樣就完成了，除了改變元素的顏色之外，選取刷通常會搭配縮放來對圖表進行操作，第 10 章示範完整圖表時，將會有更詳細的解說。

10

常見圖表繪製與互動效果

D3.js 提供了許多強大的功能，讓開發者可以在網頁上快速建立互動式圖表，並將資料以更生動的方式呈現。在本章中，我們將會介紹常見的圖表繪製與互動效果，以及如何使用 D3.js 實現這些效果。

讀完過前面的章節後，我們明白了 D3.js 繪製圖表的原理，也學會了怎麼運用 D3.js API 來繪製圖表，現在是時候使用真實數據來繪製不同的圖表。以下表格是筆者統整出繪製圖表時會用到的 API 及它們的用途。

 ## 圖表常用 API

選取元素與調整樣式相關

D3.js API	用途說明
d3.select	選取符合 CSS 選擇器字串的第一個元素。
selection.selectAll	選擇所有符合指定 CSS 選擇器的元素。
selection.style	設定所選元素的樣式屬性值。
selection.attr	設定所選元素的屬性值。
selection.append	在所選元素的之後加上指定元素。
selection.data	把數據綁定到選定的元素上。
selection.text	設定所選元素的文字內容。
selection.html	設定所選元素的 HTML 內容。
selection.node	取得 selection 中的第一個 DOM 元素。
selection.enter	為新的數據添加與其匹配的元素。
selection.join	建立並更新選取的元素。
selection.remove	移除選定的元素。
selection.call	呼叫某個函式，並將選擇的 selection 傳遞給它進行操作。
selection.on	註冊事件監聽器。

整理資料集相關

D3.js API	用途說明
d3.max	取陣列中的最大值。
d3.sum	加總陣列的數值。
d3.extent	回傳陣列中最大與最小值。
d3.ascending	以升序對陣列進行排序。

匯入檔案資料相關

D3.js API	用途說明
d3.csv	取得 CSV 檔案資料。
d3.json	取得 JSON 檔案資料。

設定軸線相關

D3.js API	用途說明
d3.axisBottom	建立刻度線段與文字下方的軸。
d3.axisLeft	建立刻度線段與文字左方的軸。
axis.tickSize	設定刻度線的長度。

設定動畫與互動效果相關

D3.js API	用途說明
selection.transition	設定元素的動畫效果。
transition.duration	設定動畫效果的時間長度。
d3.pointer	找出特定元素的位置。

接下來，我們來運用各種真實世界的數據，繪製一些常見的圖表與互動效果，筆者也會將不同圖表範例中使用到的重要 API 都列出，以便讀者查閱。

10.1 圓餅圖

說明

由於書面呈現的緣故，本章節的圓餅圖效果無法完全以圖片呈現，想看完整圓餅圖效果的讀者，歡迎至本書的範例網站查看：https://vezona.github.io/D3.js_vanillaJS_book/27.pie-chart.html。

🏆 本小節使用的重要 API

D3.js API	用途說明
d3.pie	建立一個新的圓餅圖生成器。
pie.value	設定數據映射到圓餅圖中的角度。
d3.scaleOrdinal	建立一個次序比例尺。
ordinal.domain	設定次序比例尺的輸入域。
ordinal.range	設定次序比例尺的輸出域。
d3.schemeSet2	建立 D3.js 預設的色彩版。
d3.arc	建立一個新的弧生成器。
arc.innerRadius	設定圓弧的內半徑。
arc.outerRadius	設定圓弧的外半徑。
arc.padAngle	設定圓弧之間的間隔角度，以弧度為單位，預設為 0。
arc.centroid	計算弧的幾何中心點。

圓餅圖適合用來表達「每項資料與整體數據的占比」，生活中最常見的圓餅圖就是記帳相關的資料，常用記帳軟體的讀者一定都看過如圖 10-1 所示的這類圖。

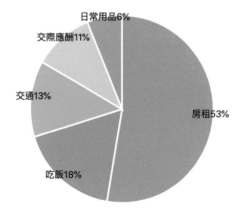

每月財務分配

日常用品6%
交際應酬11%
交通13%
房租53%
吃飯18%

圖 10-1　每月支出圓餅圖

透過呈現每項資料占比的圓餅圖，就能一眼看出自己的錢都花到哪裡，以及哪項支出占最多或最少。現在練習畫一張支出圓餅圖吧！

 範例①：基礎圓餅圖

繪製圓餅圖需要用到 d3.arc() 與 d3.pie() 這兩個方法，以及它們旗下的一些細節設定 API。d3.arc() 和 d3.pie() 通常都會搭配在一起使用。使用 d3.arc() 建立好圓弧之後，就能將資料帶進 d3.pie() 中建立圓餅圖，我們實際來看程式碼。

STEP/ 01 先建立 SVG 畫面。

```
// HTML
<div class="expensesChart"></div>

// JS - 建立 SVG
const currentWidth = parseInt(d3.select(".expensesChart").style("width")),
  height = 400,
  margin = 40;

const svg = d3
  .select(".expensesChart")
  .append("svg")
  .attr("width", currentWidth)
  .attr("height", height);
```

STEP/ 02 看一下手上的資料結構，判斷該怎麼處理。目前資料結構如下，總共有五個項目（item），五個項目的數值總和就是完整圓餅的數值。

```
const data = [
  { item: "交通", data: 3000 },
  { item: "房租", data: 12000 },
  { item: "日常用品", data: 1400 },
  { item: "吃飯", data: 4000 },
  { item: "交際應酬", data: 2400 },
];
```

STEP/ 03 知道資料結構後，就可以開始處理。為了方便移動圓餅圖，先建立一個集合標籤 <g>，之後的圓餅圖都會綁定在這個標籤上；接著設定圓餅圖的顏色、圓餅半徑及圓餅圖的建立函式。

```javascript
// 建立圓餅集合標籤 g
svg.append("g")
  .attr("class", "slices")
  .attr("transform", `translate(${currentWidth / 2}, ${height / 2})`);

// 設定顏色
const color = d3.scaleOrdinal().range(d3.schemeSet2);

// 設定圓餅半徑
const radius = Math.min(currentWidth, height) / 2 - margin;

// 設定圓餅建立函式
const piechartGenerator = d3.pie().value((d) => d.data);
```

STEP/ 04 設定圓弧的內圈與外圈半徑。

```javascript
// 用 innerRadius 和 outerRadius 設定圓餅內圈外圈的半徑
const arc = d3
  .arc()
  .innerRadius(0)
  .outerRadius(radius)
  .padAngle(0);

const outerArc = d3
  .arc()
  .outerRadius(radius * 0.9)
  .innerRadius(radius * 0.9);
```

STEP/ 05 再將這些設定好的方法，連同資料一起和 DOM 元素綁定。

```
// 圓餅圖建構函式帶入資料
const pieChartData = piechartGenerator(data);

// 建立 pie
const expensesChart = svg
  .select(".slices")
  .selectAll("path")
  .data(pieChartData)
  .enter();

// 綁定圓弧路徑
expensesChart
  .append("path")
  .attr("d", arc)
  .attr("class", "arc")
  .attr("fill", color)
  .attr("stroke", "#fff")
  .style("stroke-width", "3px")
  .style("opacity", 1);
```

STEP/ 06 完成基本的圓餅圖，如圖 10-2 所示。

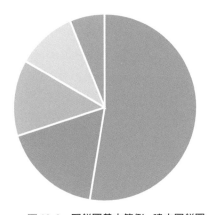

圖 10-2　圓餅圖基本範例 - 建立圓餅圖

　　不過，這時的圓餅圖只有分類，沒有每個餅塊的文字或數字標示，讀者根本看不出來每個區塊的代表項目與數值，因此要替圓餅圖加上文字或數字標示，而這裡筆者想呈現每個區塊的百分占比，還需要進行百分比換算。

STEP/ 01 先計算出每個區塊的百分占比，並使用 d3.arc 設定標籤位置。

```js
// 加上每個區塊的數字標示
// 計算每塊資料的百分占比，先用 d3.sum 加總全部資料，再將資料一一除上總數
const total = d3.sum(data, (d) => d.data);
data.forEach((i) => {
  i.percentage = Math.round((i.data / total) * 100);
});

// 調整數字標示的位置
const textArc = d3
  .arc()
  .innerRadius(radius)
  .outerRadius(radius - 10);
```

STEP/ 02 再加上 <text> 標籤，填上每個元素綁定的數值後，把標籤移動到設定好的位置。

```js
// 綁定數字標籤位置
expensesChart
  .append("text")
  .attr("transform", (d) => `translate(${textArc.centroid(d)})`)
  .text((d) => d.data.item + d.data.percentage + "%")
  .style("text-anchor", "middle")
  .style("font-size", 16)
  .style("fill", "black");
```

STEP/ 03 完成有標籤的圖餅圖，如圖 10-3 所示。

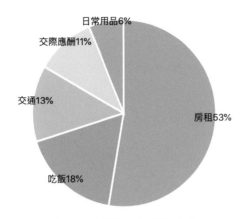

圖 10-3　圓餅圖基本範例 - 完成

範例②：圓餅圖結合滑鼠互動

　　建立基礎圓餅圖之後，可以為它加上一些互動效果，像是當滑鼠滑過圓餅時，該區塊要突顯並放大，如圖 10-4 所示。

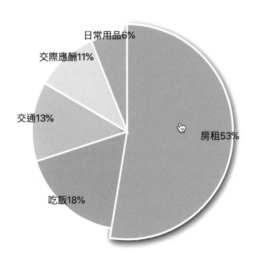

圖 10-4　圓餅圖結合滑鼠互動範例

　　我們在範例①的基礎上，繼續加上滑鼠互動。建立滑鼠互動其實很簡單，只需要設定在 mouseover 時，選定的元素慢慢變大，然後在 mouseleave 時恢復原狀就可以了。

```
// 滑鼠互動
d3.selectAll('.arc')
  .style('cursor', 'pointer')
  .on('mouseover',(d)=>{
    d3.select(d.target)
      .transition()
      .duration(500)
      .style("filter", "drop-shadow(2px 4px 6px black)")
      .style('transform', 'scale(1.1)')
  })
  .on('mouseleave', (d)=>{
    d3.select(d.target)
      .transition()
      .duration(500)
      .style("filter", "drop-shadow(0 0 0 black)")
      .style('transform', 'scale(1)')
  })
```

10.2 散點圖 / 散佈圖

 說明 由於書面呈現的緣故，本章節的散點圖效果無法完全以圖片呈現，想看完整散點圖效果的讀者，歡迎至本書的範例網站查看：https://vezona.github.io/D3.js_vanillaJS_book/29.scatter-chart.html。

本小節使用的重要 API

D3.js API	用途說明
d3.scaleLinear	建立線性比例尺。
continuous.domain	設定連續性比例尺的輸入域。
continuous.range	設定連續性比例尺的輸出域。

D3.js API	用途說明
continuous.tickFormat	設定軸線上刻度值的格式。
axis.scale	設定軸線使用的比例尺。

本小節要來介紹如何繪製散點圖。一般來說，散點圖的資料都是原始資料（raw data），就是幾百或幾千個單一、沒有經過統計的資料，如此才能將單筆資料變成一個點，並以散佈圖呈現所有點點的分布情況。

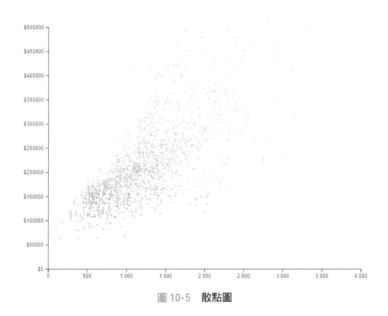

圖 10-5　散點圖

範例① ：基礎散點圖

這次借用 D3.js Graph Galley[1] 的資料來繪製散點圖。

STEP/ 01　先設定 basicScatter 函式來建立散點圖，我們一樣先建立 SVG 畫面。

```
// HTML
<div class="basicScatter"></div>

// JS - 建立 SVG
```

※1　D3.js Graph Galley：https://d3-graph-gallery.com/graph/scatter_basic.html。

```
const basicScatter = async()=>{
  const svgWidth = parseInt(d3.select('.basicScatter').style('width')),
        svgHeight = 500
        margin = 50;
  const svg = d3.select('.basicScatter')
                .append('svg')
                .attr('width', svgWidth)
                .attr('height', svgHeight);
```

STEP/ 02 使用前面學過的heroku CORS方法及d3.csv()來取得CSV檔案資料，取資料的連結：
(URL) https://raw.githubusercontent.com/holtzy/data_to_viz/master/Example_dataset/ 2_TwoNum.csv。

```
// 取資料
const cors = "https://cors-anywhere.herokuapp.com/";
const url = "https://raw.githubusercontent.com/holtzy/data_to_viz/master/
             Example_dataset/2_TwoNum.csv";

const data = await d3.csv(`${cors}${url}`);
```

STEP/ 03 把取得後的資料印出來看，資料結構如圖 10-6 所示。

```
                                              29.scatter-chart.html:152
(1460) [{…}, {…}, {…}, {…}, {…}, {…}, {…}, {…}, {…}, {…}, {…}, {…}, {…},
{…}, {…}, {…}, {…}, {…}, {…}, {…}, {…}, {…}, {…}, {…}, {…}, {…}, {…},
{…}, {…}, {…}, {…}, {…}, {…}, {…}, {…}, {…}, {…}, {…}, {…}, {…}, {…},
▼ {…}, {…}, {…}, {…}, {…}, {…}, {…}, {…}, {…}, {…}, {…}, {…}, {…}, {…},
{…}, {…}, {…}, {…}, {…}, {…}, {…}, {…}, {…}, {…}, {…}, {…}, {…}, {…},
{…}, {…}, {…}, {…}, {…}, {…}, {…}, {…}, {…}, {…}, {…}, {…}, {…}, {…},
{…}, {…}, {…}, …] ℹ
  ▼[0 … 99]
    ▶ 0: {GrLivArea: '1710', SalePrice: '208500'}
    ▶ 1: {GrLivArea: '1262', SalePrice: '181500'}
    ▶ 2: {GrLivArea: '1786', SalePrice: '223500'}
    ▶ 3: {GrLivArea: '1717', SalePrice: '140000'}
    ▶ 4: {GrLivArea: '2198', SalePrice: '250000'}
    ▶ 5: {GrLivArea: '1362', SalePrice: '143000'}
    ▶ 6: {GrLivArea: '1694', SalePrice: '307000'}
    ▶ 7: {GrLivArea: '2090', SalePrice: '200000'}
    ▶ 8: {GrLivArea: '1774', SalePrice: '129900'}
    ▶ 9: {GrLivArea: '1077', SalePrice: '118000'}
    ▶ 10: {GrLivArea: '1040', SalePrice: '129500'}
    ▶ 11: {GrLivArea: '2324', SalePrice: '345000'}
```

圖 10-6　基礎散點圖 - 資料結構

STEP/ 04 根據資料結構來建立 X 軸與 Y 軸。

```
// 建立 X 軸線
const xScale = d3
  .scaleLinear()
  .domain([0,4000])
  .range([0, (svgWidth - margin*2)])

const xAxisGenerator = d3.axisBottom(xScale)

svg.append('g')
  .attr('transform', `translate(${margin}, ${svgHeight - margin/2})`)
  .call(xAxisGenerator)

// 建立 Y 軸線
const yScale = d3
  .scaleLinear()
  .domain([0,500000])
  .range([(svgHeight - margin), 0])

const yAxisGenerator = d3.axisLeft(yScale).tickFormat(d => '$' + d)

svg.append('g')
  .attr('transform', `translate(${margin}, ${margin/2})`)
```

STEP/ 05 建立點點時，可以依據不同條件來設定點點顏色。

```
// 加上點點
svg.append('g')
  .selectAll('dot')
  .data(data)
  .join('circle')
  .attr('cx', d => xScale(d.GrLivArea))
  .attr('cy', d => yScale(d.SalePrice))
  .attr('r', 1.5)
```

```
    .style('fill', d => d.SalePrice > 129000? 'pink':'#69b3a2')
}
```

STEP/ 06 完成後，只要呼叫 basicScatter 函式就可以了。

範例②：散點圖加上滑鼠互動效果

我們來看看散點圖的進階範例：「滑鼠效果與增添圓點」。這次筆者希望滑鼠滑上圓點時，可以顯示該點的數值，如圖 10-7 所示。

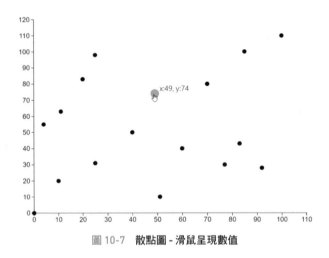

圖 10-7　散點圖 - 滑鼠呈現數值

另外，筆者還想在點擊空白畫面時，添加一個新的圓點，如圖 10-8 所示。

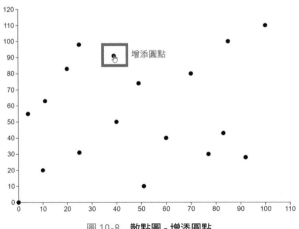

圖 10-8　散點圖 - 增添圓點

　　建立散點圖的方式與基礎散點圖範例一樣，這裡就不贅述了。想看完整程式碼的讀者可以到本書的範例示範網站 [2] 查看。我們直接來看本次範例圖表使用的資料結構：

```
const dataset = [
  { x: 100,y: 110 },{ x: 83,y: 43 },{ x: 92,y: 28 },
  { x: 49,y: 74 },{ x: 51,y: 10 },{ x: 25,y: 98 },
  { x: 77,y: 30},{ x: 20,y: 83 },{ x: 11,y: 63 },
  { x: 4,y: 55 },{ x: 0,y: 0 },{ x: 85,y: 100 },
  { x: 60,y: 40 },{ x: 70,y: 80 },{ x: 10,y: 20 },
  { x: 40,y: 50 },{ x: 25,y: 31 }
];
```

　　接著撰寫散點圖的滑鼠事件程式碼：

```
// 綁定資料並建立圓點
svg.selectAll("circle")
   .data(dataset)
   .join("circle")
   .attr('cx', d => xScale(d.x))
   .attr('cy', d => yScale(d.y))
   .attr('r', 5)
   .attr('fill', '#000')
   .on("mouseover", handleMouseOver)
   .on("mouseout", handleMouseOut);

// mouseover 時點點變色 +tooltip
function handleMouseOver(d, i) {
    // 選定 this 的元素，改變 hover 過去的顏色和形狀
    d3.select(this)
      .attr('fill', 'orange')
      .attr('r', radius * 2)
      .style('cursor', 'pointer')
```

※2　本書的範例示範網站：https://vezona.github.io/D3.js_vanillaJS_book/29.scatter-chart.html。

```
    // 加上 tooltips
    let pt = d3.pointer(event)
    svg.append("text")
        .attr('class', 'hoverTextInfo')
        .attr('x', pt[0] + 10)
        .attr('y', pt[1] - 10)
        .style('fill', 'red')
        .text([`x:${event.target.__data__.x}, y:${event.target.__data__.y}`])
}


// mouseleave 時變回原樣
function handleMouseOut(d, i) {
    d3.selectAll('.hoverTextInfo').remove()
    d3.select(this)
        .attr('fill', 'black')
        .attr('r', radius)
}
```

想在點擊 SVG 時增加圓點的話，則可以這樣處理：

```
// 滑鼠 click 的時候增加一個點
svg.on("click", (e) => {
  const coords = d3.pointer(e);

  // 把 XY 座標軸轉換成資料
  const newData = {
      x: Math.round(xScale.invert(coords[0])),
      y: Math.round(yScale.invert(coords[1]))
  };

  // 將增加的資料座標推入原本的 data
  dataset.push(newData);

  // 將新的資料綁定上 circle
  svg.selectAll("circle")
      .data(dataset)
      .join("circle")
```

```
    .attr('cx', d => xScale(d.x))
    .attr('cy', d => yScale(d.y))
    .attr('r', 5)
    .attr('fill', '#000')
})
```

 10.3　氣泡圖

 說明　由於書面呈現的緣故，本章節的氣泡圖效果無法完全以圖片呈現，想看完整氣泡圖效果的讀者，歡迎至本書的範例網站查看：https://vezona.github.io/D3.js_vanillaJS_book/30.bubble-chart.html。

本小節使用的重要 API

D3.js API	用途說明
d3.scaleLinear	建立線性比例尺。
continuous.domain	設定連續性比例尺的輸入域。
continuous.range	設定連續性比例尺的輸出域。
continuous.nice	優化連續性比例尺的範圍至標準間隔。
continuous.tickFormat	設定軸線上刻度值的格式。
d3.scaleOrdinal	建立次序比例尺。
ordinal.domain	設定次序比例尺的輸入域。
ordinal.range	設定次序比例尺的輸出域。

　　氣泡圖其實是散點圖的延伸，差別在於氣泡圖多出要設定氣泡大小的步驟，因此資料結構上還需要多出一項能用來設定氣泡大小的數據，並額外建立一個比例尺設定這項數據的範圍。

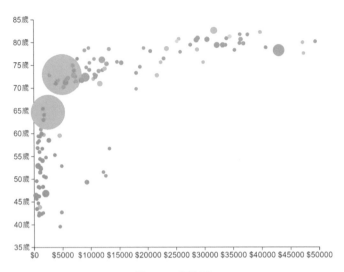

圖 10-9　氣泡圖

　　這次的範例一樣使用 D3.js Graph Gallery[※3] 提供的資料，資料連結：（URL）https://raw.githubusercontent.com/holtzy/data_to_viz/master/Example_dataset/4_ThreeNum.csv。這份資料比較不同國家的人民平均壽命、人口數量與 GDP，並且也把不同國家隸屬於五大洲的哪一洲分別歸類，資料結構如圖 10-10 所示。

```
"country","continent","lifeExp","pop","gdpPercap"
"Afghanistan","Asia",43.828,31889923,974.5803384
"Albania","Europe",76.423,3600523,5937.029526
"Algeria","Africa",72.301,33333216,6223.367465
"Angola","Africa",42.731,12420476,4797.231267
"Argentina","Americas",75.32,40301927,12779.37964
"Australia","Oceania",81.235,20434176,34435.36744
"Austria","Europe",79.829,8199783,36126.4927
"Bahrain","Asia",75.635,708573,29796.04834
"Bangladesh","Asia",64.062,150448339,1391.253792
"Belgium","Europe",79.441,10392226,33692.60508
"Benin","Africa",56.728,8078314,1441.284873
"Bolivia","Americas",65.554,9119152,3822.137084
"Bosnia and Herzegovina","Europe",74.852,4552198,7446.298803
"Botswana","Africa",50.728,1639131,12569.85177
"Brazil","Americas",72.39,190010647,9065.800825
"Bulgaria","Europe",73.005,7322858,10680.79282
```

圖 10-10　氣泡圖範例 - 資料結構

※3　D3.js Graph Gallery：https://d3-graph-gallery.com/graph/bubble_color.html。

秉持本書一貫的作風，圖表當然不是只有畫面。這次的範例會簡單加上一個工具提示框，當滑鼠滑過氣泡時，會顯示該氣泡的相關資訊，具體畫面如圖10-11所示。

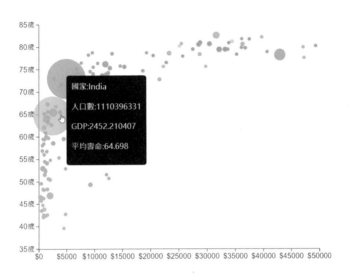

圖 10-11　氣泡圖範例 - 加上工具提示框

STEP/ 01　先設定一個 drawBubbleChart 函式來繪製氣泡圖，並建立 SVG 畫面。

```
// HTML
<div class="bubbleChart"></div>

// JS
const drawBubbleChart = async () => {
  // 建立 SVG
  const margin = { top: 10, right: 20, bottom: 30, left: 50 },
    svgWidth = parseInt(d3.select(".bubbleChart").style("width")),
    svgHeight = 500,
    width = svgWidth - margin.left - margin.right,
    height = svgHeight - margin.top - margin.bottom;
```

STEP/ 02　使用 d3.csv 取得資料，當取得資料後，將要建立 X 軸、Y 軸、氣泡直徑的資料分別整理成不同陣列資料集。

```
const url ="https://raw.githubusercontent.com/holtzy/
        data_to_viz/master/Example_dataset/4_ThreeNum.csv";
```

```
const data = await d3.csv(`${url}`);

// 整理 X、Y 軸資料、Z 的人口數量資料
const xData = data.map((i) => parseInt(i.gdpPercap));
const yData = data.map((i) => i.lifeExp);
const zData = data.map((i) => i.pop);
```

整理好資料後，就可以依據這些資料設定比例尺與軸線了。由於之前已說明過關於建立比例尺與軸線的方法，這裡就不再贅述，有需要的讀者可以自行閱讀前幾章，或者到本書範例網站來查看完整的程式碼。

STEP/ 03 除了軸線的比例尺之外，氣泡圖最重要的是建立一個氣泡大小的比例尺。

```
// 按照人口去設定氣泡大小的比例尺
const radiusScale = d3
  .scaleLinear()
  .domain([d3.min(zData), 1310000000])
  .range([4, 40]);

// 設定氣泡顏色，根據不同洲來設定
const bubbleColor = d3
  .scaleOrdinal()
  .domain(["Asia", "Europe", "Americas", "Africa", "Oceania"])
  .range(d3.schemeSet2);
```

STEP/ 04 當滑鼠滑過氣泡時，要出現寫著氣泡資訊的工具提示框，因此要先設定工具提示框的樣式。

```
// 建立標籤 tooltips
const tooltip = d3
  .select(".bubbleChart")
  .append("div")
  .style("display", "none")
  .attr("class", "dotsTooltip")
  .style("position", "absolute")
  .style("background-color", "black")
  .style("border-radius", "5px")
```

```
.style("padding", "10px")
.style("color", "white");
```

STEP/ 05 設定滑鼠移動到氣泡上時所要觸發的函式。

```
// 設定顯示、移動、隱藏 tooltips
const showTooltip = (event, d) => {
  // 設定樣式與呈現文字
  tooltip.style("display", "block")
         .html(`國家 :${d.country}
                人口數 :${d.pop}
                GDP :${d.gdpPercap}
                平均壽命 :${d.lifeExp}`)
         .style("left", `${event.x}px`)
         .style("top", `${event.y}px`);

  // 圓點強調
  d3.select(event.target)
    .attr("r", radiusScale(d.pop) + 5)
    .style("opacity", 0.7);
};
const moveTooltip = () =>
  tooltip.style("display", "block");
const hideTooltip = (event, d) => {
  tooltip.style("display", "none");

  // 圓點復原
  d3.select(event.target)
    .attr("r", radiusScale(d.pop))
    .style("opacity", 1);
};
```

STEP/ 06 把資料和 DOM 元素綁定，並且加上滑鼠互動效果就可以了。

```
// 綁定氣泡
const bubble = svg
  .append("g")
  .selectAll("dot")
```

```
    .data(data)
    .join("circle")
    .attr("class", "bubbles")
    .attr("cx", (d) => xScale(d.gdpPercap))
    .attr("cy", (d) => yScale(d.lifeExp))
    .attr("r", (d) => radiusScale(d.pop))
    .style("fill", (d) => bubbleColor(d.continent))
    .style("cursor", "pointer")
    .on("mouseover", showTooltip)
    .on("mousemove", moveTooltip)
    .on("mouseleave", hideTooltip);
};


drawBubbleChart();
```

10.4 長條圖

由於書面呈現的緣故，本章節的長條圖效果無法完全以圖片呈現，想看
完整長條圖效果的讀者，歡迎至本書的範例網站查看：https://vezona.
github.io/D3.js_vanillaJS_book/31.bar-chart.html。
說明

本小節使用的重要 API

D3.js API	用途說明
d3.scaleBand	建立區段比例尺。
band.domain	設定區段比例尺的輸入域。
band.range	設定區段比例尺的輸出域。
band.padding	設定區段比例尺項目之間的間距。
band.bandwidth	取得區段比例尺各項目的寬度。

D3.js API	用途說明
d3.scaleLinear	建立線性比例尺。
continuous.domain	設定連續性比例尺的輸入域。
continuous.range	設定連續性比例尺的輸出域。
continuous.nice	優化連續性比例尺的範圍至標準間隔。
continuous.ticks	設定連續比例尺刻度的數量。

　　長條圖可以說是圖表世界的常見元老之一，而且長條圖系列又可分成「基礎長條圖」、「複數長條圖」、「堆疊長條圖」三部曲。本小節先從基礎長條圖開始繪製，並加上常見的滑鼠互動，來呈現工具提示框、切換不同月份資料的功能。

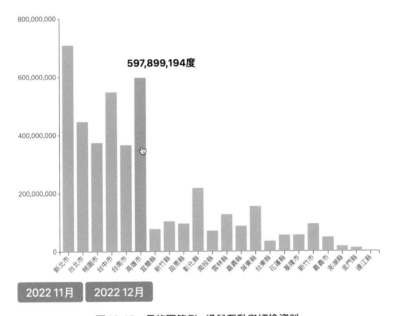

圖 10-12　**長條圖範例 - 滑鼠互動與切換資料**

　　為了讓圖表更接近真實社會的資料，筆者這次選用台灣電力公司提供的開放資料：「各縣市售電資訊」[4]。台電目前只提供 XLS 檔案，但由於 D3.js 無法接受這種檔案格式，因此要把下載下來的 XLS 檔另存成 CSV 檔。

※4　各縣市售電資訊：https://www.taipower.com.tw/tc/page.aspx?mid=5554。

STEP/ 01 **下載且開啟 2022/11 和 2022/12 的售電資訊 CSV 檔。**

檔案裡面第一行和最後一行使用合併儲存格的方式去記錄資料，但這樣的方式另存成 CSV 檔時會出錯，所以必須先將第一行和最後一行的列表刪掉。

	A	B	C	D	E	F	G	H	I
1		A.住宅部門		B.服務業部門(含包燈)		C.農林漁牧		D.工業部門	
2	縣市	A.售電量(度)	A.用電佔比(%)	B.售電量(度)	B.用電佔比(%)	C.售電量(度)	C.用電佔比(%)	D.售電量(度)	D.用電佔比(%)
3	新北市	709,913,388	40.27	552,914,135	31.36	2,303,644	0.13	497,933,399	28.24
4	台北市	447,027,336	34.91	775,222,779	60.54	429,596	0.03	57,821,099	4.52
5	桃園市	374,646,067	16.16	361,710,584	15.6	4,138,638	0.18	1,577,450,006	68.05
6	台中市	548,445,758	19.32	502,353,084	17.69	14,761,818	0.52	1,773,615,255	62.47
7	台南市	366,977,081	13.49	274,203,471	10.08	37,795,484	1.39	2,042,198,608	75.05
8	高雄市	597,899,194	22.63	475,774,334	18.01	21,793,545	0.82	1,546,408,115	58.53
9	宜蘭縣	77,640,318	26.62	71,941,822	24.66	5,661,223	1.94	136,441,677	46.78
10	新竹縣	103,710,821	11.45	89,738,713	9.91	1,962,433	0.22	710,471,995	78.43
11	苗栗縣	95,739,508	16.22	61,739,321	10.46	2,649,073	0.45	430,204,440	72.87
12	彰化縣	218,152,159	23.25	191,268,380	20.39	39,730,897	4.24	488,965,194	52.12
13	南投縣	70,846,839	30.18	55,980,379	23.85	9,556,061	4.07	98,339,197	41.9
14	雲林縣	127,628,064	26.64	77,077,312	16.09	33,983,586	7.09	240,378,815	50.18
15	嘉義縣	86,955,291	32.06	49,709,084	18.33	23,442,755	8.64	111,155,766	40.98
16	屏東縣	155,225,673	35.61	105,070,499	24.1	62,249,816	14.28	113,393,301	26.01
17	台東縣	35,010,221	42.53	33,720,897	40.96	2,513,218	3.05	11,073,876	13.45
18	花蓮縣	55,580,548	28.57	62,813,700	32.29	2,090,557	1.07	74,063,696	38.07
19	基隆市	56,101,871	45.49	48,519,570	39.34	762,757	0.62	17,950,761	14.55
20	新竹市	94,525,373	11.33	103,257,981	12.37	770,887	0.09	636,005,123	76.21
21	嘉義市	48,280,452	46.64	47,273,255	45.66	581,666	0.56	7,391,039	7.14
22	澎湖縣	17,825,963	43.51	18,528,091	45.22	399,977	0.98	4,215,173	10.29
23	金門縣	12,700,114	45.32	11,401,391	40.69	316,993	1.13	3,604,039	12.86
24	連江縣	2,630,150	41.42	3,040,912	47.89	6,003	0.09	673,146	10.6
25	合計	4,303,462,189	22.5	3,973,259,694	20.78	267,900,627	1.4	10,579,753,720	55.32

圖 10-13　**長條圖範例 -XSL 檔另存 CSV 檔**

STEP/ 02 **把這兩份資料另存成 CSV 檔。**

其實這樣不是很好的作法，如果讀者之後要替公司的專案製作圖表的話，記得和後端溝通好需要的資料格式，而不是用這種直接修改資料的方式。因爲這裡是拿取公開的資料而無法客製化，所以才會以這種方式來處理。

STEP/ 03 **處理好要使用的資料後，接著來繪製圖表。**

先設定要繪製圖表 HTML 標籤，並把切換資料的按鈕加上點擊事件。點擊按鈕時，會觸發切換資料的 updateElectricChart 事件：

```
<div class="chart"></div>
<div class="btnWrap">
  <button class="btn btn-primary July"
   onclick="updateElectricChart('./data/202211_Electric.csv')">
     2022 11 月
    </button>
  <button class="btn btn-primary August"
```

```
onclick="updateElectricChart('./data/202212_Electric.csv')">
    2022 12 月
  </button>
</div>
```

STEP/ 04 建立 SVG 畫面。

```
// JS - 建立 SVG
const svgWidth = parseInt(d3.select('.chart').style('width')),
    svgHeight = 500
    margin = 40;

const svg = d3.select('.chart')
              .append('svg')
              .attr('width', svgWidth)
              .attr('height', svgHeight);
```

STEP/ 05 建立比例尺與軸線。

這裡要特別注意的是，因為比例尺的輸入域與輸出域是根據資料範圍來映射，但我們有兩項不同的資料要切換，輸入域的數值並非固定不變，因此這裡先不設定輸入域的範圍：

```
// 建立初始 X 軸
const xScale = d3.scaleBand()
                 .range([margin*2, svgWidth - margin/2])
                 .padding(0.2)

const xAxisGenerator = d3.axisBottom(xScale);
const xAxis = svg
    .append("g")
    .attr("transform", `translate(0,${svgHeight - margin})`)

// 建立初始 Y 軸
const yScale = d3.scaleLinear()
                 .range([svgHeight - margin, margin]);

const yAxisGenerator = d3.axisLeft(yScale)
```

```
        .ticks(5)
        .tickSize(3)

const yAxis = svg
    .append("g")
    .attr("transform", `translate(${margin*2},0)`)
```

STEP/ 06 設定資料變化時，要執行的 updateElectricChart 函式。

將要取資料的路徑透過參數 url 帶入，並使用 d3.csv 方法取得資料：

```
const updateElectricChart = async (url) => {
  const data = await d3.csv(url)
    // map 資料集
    xData = data.map((i) => i['縣市 ']);
    yData = data.map((i) => parseInt(i['A.售電量（度）'].split(',').join('')));
```

STEP/ 07 此時已經取到資料，把它印出來看一下資料的結構。

以下就是這次拿到的資料，A 代表「家用住宅的售電度數」，本次範例圖表是比較各縣市家用售電度數。繪製圖表前，要先確定 X 軸、Y 軸分別要使用哪些資料，筆者決定將 X 軸設爲「縣市資訊」，Y 軸則是「家用售電度數」。上述程式碼已經將軸線需要的資料分別拉出來整理成陣列，這樣才能帶給比例尺去做運算。

```
                                                    31.bar-chart.html:297
▼ (22) [{…}, {…}, {…}, {…}, {…}, {…}, {…}, {…}, {…}, {…}, {…}, {…}, {…}, {…}, {…},
  {…}, {…}, {…}, {…}, {…}, {…}, {…}, columns: Array(11)] 🔵
  ▶ 0: {縣市: '新北市', A.售電量(度): '709,913,388', A.用電佔比(%): '40.27', B.售電量(度):
  ▶ 1: {縣市: '台北市', A.售電量(度): '447,027,336', A.用電佔比(%): '34.91', B.售電量(度):
  ▶ 2: {縣市: '桃園市', A.售電量(度): '374,646,067', A.用電佔比(%): '16.16', B.售電量(度):
  ▶ 3: {縣市: '台中市', A.售電量(度): '548,445,758', A.用電佔比(%): '19.32', B.售電量(度):
  ▶ 4: {縣市: '台南市', A.售電量(度): '366,977,081', A.用電佔比(%): '13.49', B.售電量(度):
  ▶ 5: {縣市: '高雄市', A.售電量(度): '597,899,194', A.用電佔比(%): '22.63', B.售電量(度):
  ▶ 6: {縣市: '宜蘭縣', A.售電量(度): '77,640,318', A.用電佔比(%): '26.62', B.售電量(度):
  ▶ 7: {縣市: '新竹縣', A.售電量(度): '103,710,821', A.用電佔比(%): '11.45', B.售電量(度):
  ▶ 8: {縣市: '苗栗縣', A.售電量(度): '95,739,508', A.用電佔比(%): '16.22', B.售電量(度):
  ▶ 9: {縣市: '彰化縣', A.售電量(度): '218,152,159', A.用電佔比(%): '23.25', B.售電量(度):
  ▶ 10: {縣市: '南投縣', A.售電量(度): '70,846,839', A.用電佔比(%): '30.18', B.售電量(度):
  ▶ 11: {縣市: '雲林縣', A.售電量(度): '127,628,064', A.用電佔比(%): '26.64', B.售電量(度):
  ▶ 12: {縣市: '嘉義縣', A.售電量(度): '86,955,291', A.用電佔比(%): '32.06', B.售電量(度):
  ▶ 13: {縣市: '屏東縣', A.售電量(度): '155,225,673', A.用電佔比(%): '35.61', B.售電量(度):
  ▶ 14: {縣市: '台東縣', A.售電量(度): '35,010,221', A.用電佔比(%): '42.53', B.售電量(度):
  ▶ 15: {縣市: '花蓮縣', A.售電量(度): '55,580,548', A.用電佔比(%): '28.57', B.售電量(度):
```

圖 10-14　長條圖範例 - 資料結構

STEP/ 08 知道資料結構後，就能用這個資料來設定比例尺的輸入域，並且建立長條圖了。

```
// 設定 X 軸 Domain、建立 X 軸
xScale.domain(xData);
xAxis.transition().duration(1000).call(xAxisGenerator);

// 調整 X 軸刻度文字標籤傾斜
xAxis.selectAll("text")
    .attr("transform", "translate(-10,0)rotate(-45)")
    .style("text-anchor", "end");

// 設定 Y 軸 Domain、建立 Y 軸
yScale.domain([0, d3.max(yData)]).nice();
yAxis.transition().duration(1000).call(yAxisGenerator);

// 開始建立長條圖
const bar = svg.selectAll("rect")
                .data(data)
                .join("rect")
```

STEP/ 09 繪製長條圖。

　　長條圖會使用 <rect> 來建立，要特別注意高度的部分。由於 SVG 都是從原點由上往下繪製，如果想繪製正確高度的長條圖，就要把高度設定成從「圖表高度減掉直條圖高度」的地方開始繪製，才能畫出正確高度的圖表，如圖 10-15 所示。

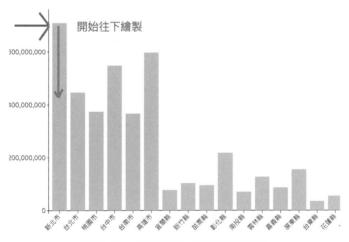

圖 10-15　長條圖範例 - 長條圖高度設定

```
// 加上漸增動畫
// 注意：如果要加動畫，事件要分開寫
bar.join("rect")
   .transition()
   .duration(1000)
   .attr("x", d => xScale(d[' 縣市 ']))
   .attr("y", d => yScale(parseInt(d['A. 售電量（度）'].split(',').join(''))))
   .attr("width", xScale.bandwidth())
   .attr("height", d => (svgHeight - margin) -
                        yScale(parseInt(d['A. 售電量（度）']
                        .split(',')
                        .join('')))
   )
   .attr("fill", "#69b3a2")
```

STEP/ **10** 加上滑鼠事件。

　　<rect> 綁定的資料藏在 d.target. __ data __ 中，找到之後，就能把文字標籤設定成每個 DOM 元素個別綁定的資料：

```
// 加上滑鼠事件
bar.attr('cursor', 'pointer')
   .on("mouseover", handleMouseOver)
   .on("mouseleave", handleMouseLeave)

function handleMouseOver(d, i){
  d3.select(this).attr('fill', '#f68b47')

  // 加上文字標籤
  svg.append('text')
     .attr('class', 'infoText')
     .attr('y', yScale(parseInt(d.target.__data__['A. 售電量（度）']
     .split(',').join('')))-20)
     .attr("x", xScale(d.target.__data__[' 縣市 ']) + 50)
     .style('fill', '#000')
     .style('font-size', '18px')
     .style('font-weight', 'bold')
     .style("text-anchor", "middle")
```

```
      .text(d.target.__data__['A.售電量（度）'] + '度');
  }


  function handleMouseLeave(){
    d3.select(this).attr('fill', '#69b3a2')

    // 移除文字標籤
    svg.select('.infoText').remove()
  }
};


updateElectricChart('./data/202211_Electric.csv');
```

如此就完成了，長條圖真的很簡單。

10.5 複數長條圖

 說明　由於書面呈現的緣故，本章節的複數長條圖效果無法完全以圖片呈現，想看完整複數長條圖效果的讀者，歡迎至本書的範例網站查看：https://vezona.github.io/D3.js_vanillaJS_book/32.multiple-bar-chart.html。

本小節使用的重要 API

D3.js API	用途說明
d3.scaleBand	建立區段比例尺。
band.domain	設定區段比例尺的輸入域。
band.range	設定區段比例尺的輸出域。
band.padding	設定區段比例尺項目之間的間距。
band.bandwidth	取得區段比例尺各項目的寬度。

D3.js API	用途說明
d3.scaleLinear	建立線性比例尺。
continuous.domain	設定連續性比例尺的輸入域。
continuous.range	設定連續性比例尺的輸出域。
continuous.nice	優化連續性比例尺的範圍至標準間隔。
continuous.ticks	設定連續比例尺刻度的數量。
d3.scaleOrdinal	建立一個次序比例尺。
ordinal.domain	設定次序比例尺的輸入域。
ordinal.range	設定次序比例尺的輸出域。

　　複數長條圖主要是用來比較「某項目在不同時間的變化」或是「同一時間不同項目的差異」。由於圖表比較多項不同資料，因此通常會加上資料標示，讓看圖表的人更清楚圖表比較的項目。

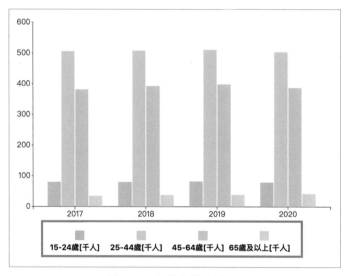

圖 10-16　**複數長條圖與標示**

　　為了更貼近真實世界，這次使用政府提供的公開資料：「臺南市勞動人口 - 依年齡別區分」[5] 來作為此次圖表的資料，資料是 CSV 檔案，檔案的結構如圖 10-17 所示。

※5　臺南市勞動人口 - 依年齡別區分：https://data.gov.tw/datasets/history/140152。

```
年度,15-24歲[千人],25-44歲[千人],45-64歲[千人],65歲及以上[千人]
2017,80,506,381,35
2018,80,508,392,38
2019,82,511,398,39
2020,79,504,387,42
```

圖 10-17　複數長條圖 - 資料結構

　　要繪製的複數長條圖範例畫面與互動效果包含：

- 多條直條圖呈現。

- 滑鼠滑到長條圖時，會從該長條圖拉出一條水平線，連到最左邊的 Y 軸。

- 滑鼠滑到長條圖時，Y 軸會呈現此條資料的數值。

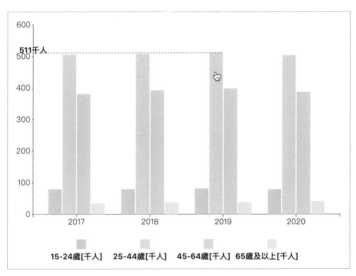

圖 10-18　複數長條圖 - 滑鼠互動

🏆 複數長條圖的繪製關鍵

　　繪製複數長條圖的關鍵是「多一條 X 軸的比例尺」。基礎長條圖只有一個 X 軸的比例尺與軸線，所有的資料會根據這條 X 軸去排列，而複數長條圖的關鍵是「額外設定一個新的資料集」，其中包含欲比較的項目，接著使用這個新的資料集再去設定新的 X 軸比例尺。這樣說明可能很模糊，我們直接來看程式碼會比較清楚。

STEP/ **01** 先建立 SVG 畫面。

```
// HTML
<div class="multiBarChart"></div>
```

```
// JS - 建立 SVG
const drawBarChart = async()=>{
  const rwdSvgWidth = parseInt(d3.select('.multiBarChart').style('width')),
        rwdSvgHeight = 500,
        margin = 20,
        marginBottom = 100

  const svg = d3.select('.multiBarChart')
                .append('svg')
                .attr('width', rwdSvgWidth)
                .attr('height', rwdSvgHeight);
```

STEP/ **02** 取得資料後，分別整理出 X 軸、Y 軸要用的資料集，並建立 X 軸、Y 軸比例尺與軸線。

```
const data = await d3.csv('./data/tainan_labor_force_population.csv')

  // 設定要給 X 軸用的 scale 和 axis
  const xData = data.map((i) => i[' 年度 ']);
  const xScale = d3.scaleBand()
                   .domain(xData)
                   .range([margin*2, rwdSvgWidth - margin])
                   .padding(0.2)

  const xAxis = d3.axisBottom(xScale)

  // 呼叫繪製 X 軸、調整 X 軸位置
  const xAxisGroup = svg
      .append("g")
      .call(xAxis)
      .attr(
        "transform",
```

```
        `translate(0,${rwdSvgHeight - marginBottom})`
    )


// 設定要給 Y 軸用的 scale 和 axis
const yScale = d3
    .scaleLinear()
    .domain([0, 600])
    .range([rwdSvgHeight - marginBottom, margin])
    .nice()

const yAxis = d3.axisLeft(yScale)
                .ticks(5)
                .tickSize(3)

// 呼叫繪製 Y 軸、調整 Y 軸位置
const yAxisGroup = svg
    .append("g")
    .call(yAxis)
    .attr("transform", `translate(${margin*2},0)`)
```

STEP/ 03 最重要的部分來了，此時需要把想比較的資料整理成新的陣列，並且建立新的 X 軸
比例尺、設定每個組別的顏色。

```
// 設定第 2 條 X 軸資料、比例尺
// 用來設定多條長條圖的位置
const subgroups = Object.keys(data[0]).slice(1)
const xSubgroup = d3.scaleBand()
                    .domain(subgroups)
                    .range([0, xScale.bandwidth()])
                    .padding([0.05])

// 設定不同 subgorup bar 的顏色
const color = d3
    .scaleOrdinal()
    .domain(subgroups)
    .range(['#d4be92','#c2cccd','#b2c2e3', '#ead0d1'])
```

STEP/ 04 如果把新的資料陣列 subgroups 印出來看，它的內容如下，這樣就得到複數長條圖的分類項目了。

```
                                          32.multiple-bar-chart.html:241
▶ (4) ['15-24歲[千人]', '25-44歲[千人]', '45-64歲[千人]', '65歲及以上[千人]']
```

STEP/ 05 依據這個分類項目來建立長條圖，並且用 selection.on() 綁定滑鼠事件。

```javascript
// 開始建立長條圖
const bar = svg.append('g')
              .selectAll('g')
              .data(data)
              .join('g')
              .attr('transform',  d => `translate(${xScale(d[' 年度 '])}, 0)`)
              .selectAll('rect')
              .data(d => subgroups.map(key=> {return {key:key, value:d[key]}}))
              .join('rect')
              .attr('x', d => xSubgroup(d.key))
              .attr("y", d => yScale(d.value))
              .attr("width", xSubgroup.bandwidth())
              .attr("height", d => (rwdSvgHeight-marginBottom) - yScale(d.value))
              .attr("fill", d => color(d.key))
              .style('cursor', 'pointer')
              .on("mouseover", handleMouseOver)
              .on("mouseleave", handleMouseLeave)
```

STEP/ 06 設定滑鼠事件，同時使用 d3.pointer() 來建立水平軸線和資料的標示。

```javascript
function handleMouseOver(d, i){
  const pt = d3.pointer(event, svg.node())

  // 加上文字標籤
  svg.append('text')
    .attr('class', 'infoText')
    .attr('y', yScale(d.target.__data__['value']))
    .attr("x", margin*2)
    .style('fill', '#000')
    .style('font-size', '18px')
    .style('font-weight', 'bold')
```

```
        .style("text-anchor", 'middle')
        .text(d.target.__data__['value'] + '千人')


   // 加上軸線
   svg.append('line')
      .attr('class', 'dashed-Y')
      .attr('x1', margin*2)
      .attr('y1', yScale(d.target.__data__['value']))
      .attr('x2', pt[0])
      .attr('y2', yScale(d.target.__data__['value']))
      .style('stroke', 'black')
      .style('stroke-dasharray', '3' )
}


function handleMouseLeave(){
   // 移除文字、軸線標籤
   svg.select('.infoText').remove()
   svg.select('.dashed-Y').remove()
}
```

STEP/ 07 剛才已說過複數長條圖的標示很重要，因此還要加上最下方的標示。

```
// 加上辨識標籤
const tagsWrap =  svg.append('g')
    .selectAll('g')
    .attr('class', 'tags')
    .data(subgroups)
    .enter()
    .append('g')


if( window.innerWidth < 780){
   tagsWrap.attr('transform', "translate(-70,0)")
}
tagsWrap.append('rect')
        .attr('x', (d,i)=> (i+1)*marginBottom*1.3)
        .attr('y', rwdSvgHeight-marginBottom/2)
        .attr('width', 20)
        .attr('height', 20)
```

```
        .attr('fill', d => color(d))

    tagsWrap.append('text')
        .attr('x', (d,i)=> (i+1)*marginBottom*1.3)
        .attr('y', rwdSvgHeight-10)
        .style('fill', '#000')
        .style('font-size', '12px')
        .style('font-weight', 'bold')
        .style("text-anchor", 'middle')
        .text(d=>d)
};


drawBarChart();
```

STEP/ 08 最後，呼叫設定好的 drawBarChart 方法就可以了，大功告成。

10.6　堆疊長條圖

 說明　由於書面呈現的緣故，本章節的堆疊長條圖效果無法完全以圖片呈現，想看完整堆疊長條圖效果的讀者，歡迎至本書的範例網站查看：https://vezona.github.io/D3.js_vanillaJS_book/33.stacked-bar-chart.html。

本小節使用重要的 API

D3.js API	用途說明
d3.stack	建立堆疊產生器。將原始資料堆疊，把每個欄位的值都累加起來，產生堆疊後的資料集。
stack.keys	設定要堆疊的欄位資料 keys。
d3.scaleBand	建立區段比例尺。
band.domain	設定區段比例尺的輸入域。

D3.js API	用途說明
band.range	設定區段比例尺的輸出域。
band.padding	設定區段比例尺項目之間的間距。
band.bandwidth	取得區段比例尺各項目的寬度。
d3.scaleLinear	建立線性比例尺。
continuous.domain	設定連續性比例尺的輸入域
continuous.range	設定連續性比例尺的輸出域。
continuous.nice	優化連續性比例尺的範圍至標準間隔。
continuous.ticks	設定連續比例尺刻度的數量。
d3.scaleOrdinal	建立一個次序比例尺。
ordinal.domain	設定次序比例尺的輸入域。
ordinal.range	設定次序比例尺的輸出域。

終於講到長條圖三部曲的終章：「堆疊長條圖」。堆疊長條圖的繪製相對困難些，需要使用 d3.stack() 這個 API 來繪製堆疊圖表。依靠 d3.stack() 換算每個數據的占比，才能把這些數據呈現在長條圖上。若是忘記怎麼使用 d3.stack() 的話，讀者可以翻閱「6.3 Layouts」的解說。

我們開始吧！先來看一下這次要繪製的堆疊長條圖畫面與互動效果：

● 基本堆疊長條圖呈現。

● 滑鼠滑過時，堆疊圖透明度下降，呈現此堆疊圖的數值。

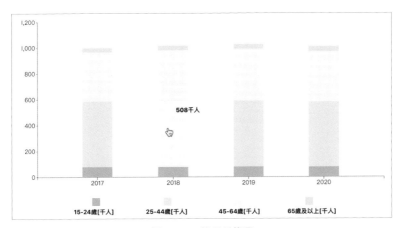

圖 10-19　堆疊長條圖

　　資料的部分則沿用複數長條圖使用的資料：「臺南市勞動人口-依年齡別區分」[6]，並且建立 SVG、繪製軸線的方法也都一樣，這裡就不再贅述了。我們直接來看看設定好比例尺與軸線後如何建立堆疊圖表。

STEP/ 01 這裡是堆疊圖的重點：「整理一個 subgroups 資料集，把想要分組的資料拉出來」。

　　以資料來說，若希望能分成四組，就要使用 Object.keys(data[0]).slice(1) 把這四個組別拉出來：

- 15-24 歲 [千人]。

- 25-44 歲 [千人]。

- 45-64 歲 [千人]。

- 65 歲及以上 [千人]。

STEP/ 02 分組的資料拉出來後，使用 d3.stack() 把這些資料變成堆疊圖可以使用的數據，再用 d3.scaleOrdinal 設定 subgorup 資料的顏色。

```
// 設定分組，用 d3.stack() 把資料堆疊起來
const subgroups =  Object.keys(data[0]).slice(1)
const stackedData = d3.stack()
                      .keys(subgroups)(data);

// 設定不同 subgorup bar 的顏色
const color = d3.scaleOrdinal()
  .domain(subgroups)
  .range(['#97a9bf','#d6dbbb','#d4e6e8', '#dcd2d0'])
```

STEP/ 03 建立堆疊圖表。

　　將以 d3.stack() 建立好的資料帶進去，使用回傳的數據去建立 <rect>，再綁定滑鼠事件。

```
// 開始建立長條圖
  const bar = svg.append('g')
                 .selectAll('g')
```

※6　臺南市勞動人口-依年齡別區分：https://data.gov.tw/datasets/history/140152。

```
        .data(stackedData)
        .join('g')
        .attr('fill',  d => color(d.key))
        .selectAll('rect')
        .data(d=>d)
        .join('rect')
        .attr("x", d => xScale(d.data['年度']))
        .attr("y", d => yScale(d[1]))
        .attr("height", d => yScale(d[0]) - yScale(d[1]))
        .attr("width",xScale.bandwidth())
        .style('cursor', 'pointer')
        .on("mouseover", handleMouseOver)
        .on("mouseleave", handleMouseLeave)
```

STEP/ 04 設定工具提示框。

　　設定工具提示框的方法之前說明過，這裡就不再贅述了。建立好工具提示框後，接著設定剛才綁定好的滑鼠事件就可以了。

```
function handleMouseOver(d, i){
    const pt = d3.pointer(event, svg.node());
    d3.select(this).style('opacity', '0.5');

    // 加上文字標籤
    textTag
      .style('opacity', '1')
      .attr("x",  pt[0])
      .attr('y', pt[1]-20)
      .text((d.target.__data__[1] - d.target.__data__[0]) + '千人');
}

function handleMouseLeave(){
    d3.select(this).style('opacity', '1');
    textTag.style('opacity', '0');
}
```

10.7 折線圖

說明 由於書面呈現的緣故，本章節的折線圖效果無法完全以圖片呈現，想看完整圖表互動效果的讀者，歡迎至本書的範例網站查看：https://vezona.github.io/D3.js_vanillaJS_book/34.line-chart.html。

本小節使用的重要 API

D3.js API	用途說明
d3.scaleTime	建立時間比例尺。
time.domain	設定時間比例尺的輸入域。
time.range	設定時間比例尺的輸出域。
time.nice	優化時間比例尺的範圍至標準間隔。
locale.format	設定時間或日期格式。
d3.scaleLinear	建立線性比例尺。
continuous.domain	設定連續性比例尺的輸入域。
continuous.range	設定連續性比例尺的輸出域。
continuous.nice	優化連續性比例尺的範圍至標準間隔。
continuous.ticks	設定連續比例尺刻度的數量。
continuous.invert	將某數值反推其映射的輸入域數值。
continuous.tickFormat	設定軸線上刻度值的格式。
d3.line	建立線段產生器。
line.x	設定線段的 x 座標。
line.y	設定線段的 y 座標。
d3.bisector	找出某數據點在座標軸上的位置。
bisector.left	在已經排序的數組中找出指定的數值，若該數值存在，則回傳它第一次出現的索引位置。

折線圖和長條圖一樣都是最常見的圖表，相信很多開發者一開始學 D3.js 時，也都是先畫這兩種圖表，不過和長條圖稍有不同的是，折線圖的線條是由單獨一條 <path> 組成，不像長條圖是由好幾條 <rect> 組成。

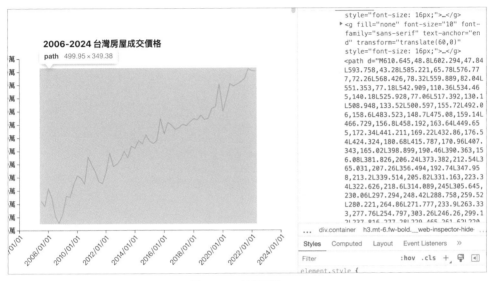

圖 10-20　折線圖的 path

繪製折線圖時，最重要的就是這條 <path>，它只有一個屬性 d，我們透過 d 的屬性值來繪製線條。當我們使用 d3.line() 處理資料，並生成 d 的命令列字串之後，就能將這個 d 帶回給 <path>，並繪製折線。

範例①：基礎折線圖

知道該怎麼繪製折線圖後，直接來畫一個基礎折線圖吧！這次的範例使用內政部不動產資訊平台※7 提供的公開資料，繪製「2006 到 2024 年台灣房屋成交價格」的折線圖。

※7　內政部不動產資訊平台：https://pip.moi.gov.tw/V3/E/SCRE0301.aspx。

圖 10-21　2006-2024 年台灣房屋成交價格折線圖

STEP/ 01 先進到內政部不動產資訊平台，查詢想要的資料並下載。

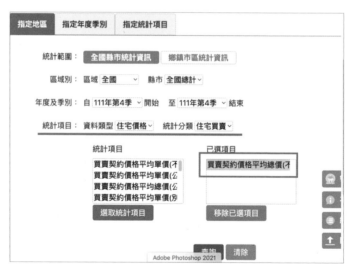

圖 10-22　內政部不動產交易價格資訊

圖 10-23　下載內政部不動產交易價格資訊

STEP/ 02 成功下載後，會發現它是一個CSV檔，必須先把CSV檔另存為UTF-8編碼。

如果直接使用 d3.csv() 取資料，會發現拿到的資料都是亂碼，這是因為 CSV 檔案是以 Big5 編碼，但程式中只能接受 UTF-8 編碼，必須先把 CSV 檔另存為 UTF-8 編碼，才能成功使用 d3.csv() 取得資料。

圖 10-24　另存為 UTF-8 編碼

STEP/ 03 處理完資料後，就可以開始繪製圖表了。

不過，這次的資料會處理日期相關資訊，因此筆者也使用一個方便的日期函式庫：「Day.js」。先把 Day.js 引入程式碼中，接著建立 SVG：

```
// HTML
<div class="housePriceLineChart"></div>

// 引入 day.js 函式庫
<script src="https://cdnjs.cloudflare.com/ajax/libs/dayjs/1.11.7/dayjs.min.js">
</script>
<script src="https://cdnjs.cloudflare.com/ajax/libs/dayjs/1.11.7/locale/zh-tw.min.
js"></script>
```

```js
// JS - 設定繪製圖表的方法
const housePriceLineChart = async () => {
  // 設定 SVG
  const width = parseInt(d3.select(".housePriceLineChart").style("width")),
      height = 500,
      margin = { top:20, bottom:90, right:20, left:60 };

  const svg = d3
    .select(".housePriceLineChart")
    .append("svg")
    .attr("width", width)
    .attr("height", height);

  // 後續程式碼寫在這裡
}

housePriceLineChart();
```

STEP/ 04 接著來取資料，並把取到的資料印出來看看。

```js
// 取資料
const res = await d3.csv("./data/U96 年 -113 年房價統計資訊整合結果 .csv");
console.log(res)
```

資料結構長這樣，但這時有了一個新的問題：「政府提供的公開資料是中華民國年份，但 D3.js 函式庫只接受西元標準日期」，如圖 10-25 所示。

```
                                                    34.line-chart.html:498
  (60) [{…}, {…}, {…}, {…}, {…}, {…}, {…}, {…}, {…}, {…}, {…}, {…},
       {…}, {…}, {…}, {…}, {…}, {…}, {…}, {…}, {…}, {…}, {…}, {…},
       {…}, {…}, {…}, {…}, {…}, {…}, {…}, {…}, {…}, {…}, {…}, {…},
       {…}, {…}, {…}, {…}, {…}, {…}, {…}, {…}, {…}, {…}, {…}, {…},
       {…}, {…}, {…}, {…}, {…}, {…}, {…}, {…}, {…}, columns: Array(2)]

   ▶ 0:  {時間: '111Q2', 買賣契約價格平均總價(不分建物類別): '1202.00'}
   ▶ 1:  {時間: '111Q1', 買賣契約價格平均總價(不分建物類別): '1203.60'}
   ▶ 2:  {時間: '110Q4', 買賣契約價格平均總價(不分建物類別): '1211.20'}
   ▶ 3:  {時間: '110Q3', 買賣契約價格平均總價(不分建物類別): '1173.70'}
   ▶ 4:  {時間: '110Q2', 買賣契約價格平均總價(不分建物類別): '1162.90'}
   ▶ 5:  {時間: '110Q1', 買賣契約價格平均總價(不分建物類別): '1152.80'}
   ▶ 6:  {時間: '109Q4', 買賣契約價格平均總價(不分建物類別): '1146.60'}
   ▶ 7:  {時間: '109Q3', 買賣契約價格平均總價(不分建物類別): '1154.70'}
   ▶ 8:  {時間: '109Q2', 買賣契約價格平均總價(不分建物類別): '1099.40'}
   ▶ 9:  {時間: '109Q1', 買賣契約價格平均總價(不分建物類別): '1049.70'}
   ▶ 10: {時間: '108Q4', 買賣契約價格平均總價(不分建物類別): '1154.90'}
   ▶ 11: {時間: '108Q3', 買賣契約價格平均總價(不分建物類別): '1066.50'}
   ▶ 12: {時間: '108Q2', 買賣契約價格平均總價(不分建物類別): '1060.80'}
   ▶ 13: {時間: '108Q1', 買賣契約價格平均總價(不分建物類別): '1023.80'}
   ▶ 14: {時間: '107Q4', 買賣契約價格平均總價(不分建物類別): '1019.00'}
   ▶ 15: {時間: '107Q3', 買賣契約價格平均總價(不分建物類別): '1035.50'}
   ▶ 16: {時間: '107Q2', 買賣契約價格平均總價(不分建物類別): '1018.10'}
   ▶ 17: {時間: '107Q1', 買賣契約價格平均總價(不分建物類別): '1022.00'}
```

圖 10-25　基礎折線圖 - 取資料

STEP/ 05 額外寫一個函式換算成西元日期。

```javascript
// 中華年份改西元
const TWDateToADDate = (date) => {
  // 年份轉換
  date = date.replace(/\d{3}/, (match) => String(+match + 1911));
  // 季度換為每季第一天
  const seasonDates = {
    Q1: "-01-01",
    Q2: "-04-01",
    Q3: "-07-01",
    Q4: "-10-01",
  };

  const season = date.match(/Q\d/)[0];
  date = date.replace(season, seasonDates[season]);
  return new Date(date);
};
```

這樣才能換算取得的資料，並整理成想要的格式：

```
// 取資料
const res = await d3.csv("./data/U96 年 -113 年房價統計資訊整合結果 .csv");

const data = res.map((i) => {i[" 時間 "] = TWDateToADDate(i[" 時間 "]);
  return i;
});
console.log(data)
```

STEP/ 06 把轉換格式後的資料印出來，如圖 10-26 所示，我們成功轉換好資料的年份了。

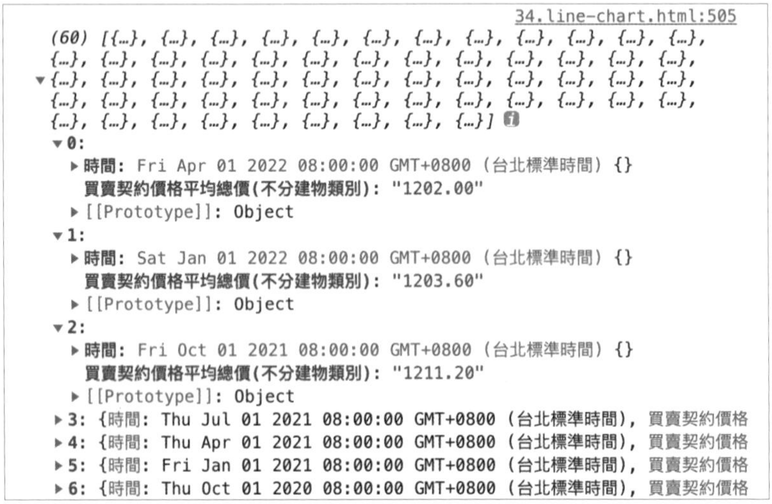

```
                                                      34.line-chart.html:505
(60) [{…}, {…}, {…}, {…}, {…}, {…}, {…}, {…}, {…}, {…}, {…}, {…},
    {…}, {…}, {…}, {…}, {…}, {…}, {…}, {…}, {…}, {…}, {…}, {…},
  ▼ {…}, {…}, {…}, {…}, {…}, {…}, {…}, {…}, {…}, {…}, {…}, {…},
    {…}, {…}, {…}, {…}, {…}, {…}, {…}, {…}, {…}] ⓘ
    ▼ 0:
      ▶ 時間: Fri Apr 01 2022 08:00:00 GMT+0800 (台北標準時間) {}
        買賣契約價格平均總價(不分建物類別): "1202.00"
      ▶ [[Prototype]]: Object
    ▼ 1:
      ▶ 時間: Sat Jan 01 2022 08:00:00 GMT+0800 (台北標準時間) {}
        買賣契約價格平均總價(不分建物類別): "1203.60"
      ▶ [[Prototype]]: Object
    ▼ 2:
      ▶ 時間: Fri Oct 01 2021 08:00:00 GMT+0800 (台北標準時間) {}
        買賣契約價格平均總價(不分建物類別): "1211.20"
      ▶ [[Prototype]]: Object
    ▶ 3: {時間: Thu Jul 01 2021 08:00:00 GMT+0800 (台北標準時間), 買賣契約價格
    ▶ 4: {時間: Thu Apr 01 2021 08:00:00 GMT+0800 (台北標準時間), 買賣契約價格
    ▶ 5: {時間: Fri Jan 01 2021 08:00:00 GMT+0800 (台北標準時間), 買賣契約價格
    ▶ 6: {時間: Thu Oct 01 2020 08:00:00 GMT+0800 (台北標準時間), 買賣契約價格
```

圖 10-26　**基礎折線圖 - 轉換資料日期**

STEP/ 07 使用這個資料設定 X 軸、Y 軸的比例尺與軸線。

```
// map 資料集
const xData = data.map((i) => i[" 時間 "]);
const yData = data.map((i) => +i[" 買賣契約價格平均總價（不分建物類別）"]);

// Time Scale
// 設定要給 X 軸用的 scale 和 axis
const xScale = d3
  .scaleTime()
```

```javascript
    .domain(d3.extent(xData))
    .range([margin.left, width - margin.right])
    .nice();

// X 軸
let tickNumber = window.innerWidth > 900 ? xData.length / 3 : 10;
const xAxis = d3
  .axisBottom(xScale)
  .ticks(tickNumber)
  .tickFormat((d) => dayjs(d).format("YYYY/MM/DD"));

// 呼叫繪製 X 軸、調整 X 軸位置
const xAxisGroup = svg
  .append("g")
  .call(xAxis)
  .style('font-size', '16px')
  .attr("transform", `translate(0,${height - margin.bottom})`);

// X 軸刻度位置調整
xAxisGroup.call((g) =>
  g.selectAll(".tick text")
    .style("transform", "rotate(-48deg)")
    .attr("x", -50)
    .attr("y", 6)
);

// Y 軸
const yScale = d3
  .scaleLinear()
  .domain(d3.extent(yData))
  .range([height - margin.bottom, margin.top])
  .nice();

const yAxis = d3.axisLeft(yScale).tickFormat((d) => `${d} 萬`);

// 呼叫繪製 Y 軸、調整 Y 軸位置
const yAxisGroup = svg
  .append("g")
```

```
    .call(yAxis)
    .style('font-size', '16px')
    .attr("transform", `translate(${margin.left},0)`);
```

STEP/ **08** 這時 X 軸、Y 軸線都建立完成，只差最後的折線線段。想繪製折線，必須使用 d3.line() 產出路徑需要的 d 命令字串，再將這個字串綁定上 <path> 路徑。

```
// 設定 path 的 d
const lineChart = d3
  .line()
  .x((d) => xScale(d["時間"]))
  .y((d) => yScale(+d["買賣契約價格平均總價（不分建物類別)"]));

// 建立折線圖
svg.append("path")
   .data(data)
   .attr("d", lineChart(data))
   .attr("fill", "none")
   .attr("stroke", "#f68b47")
   .attr("stroke-width", 1.5);
```

STEP/ **09** 最後，只要呼叫寫好的 housePriceLineChart 方法，就可以繪製基礎折線圖了。

以上的步驟是不是很簡單呢？

🏆 範例② : 折線圖與滑鼠互動效果

我們接著來看一個進階折線圖，這次除了繪製折線圖之外，還要加上滑鼠互動效果。當滑鼠移動到折線的範圍時，要在折線線段上加一個圓點，並標示該折線的相關資訊，如圖 10-27 所示。

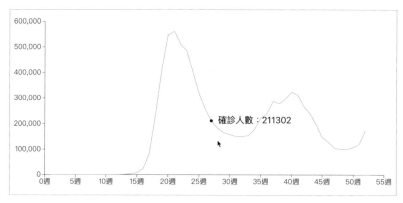

圖 10-27　進階折線圖 - 滑鼠互動效果

　　這次的資料一樣使用真實世界的資料，這三年來大家最關心的應該就是疫情狀況，因此我們使用疾管署提供的「COVID19 病例數」[8] 資料來繪製這次的長條圖。

STEP/ 01　進到疾管署提供的資料頁面後，點擊右上角的下載小箭頭，把 CSV 檔載下來，如圖 10-28 所示。

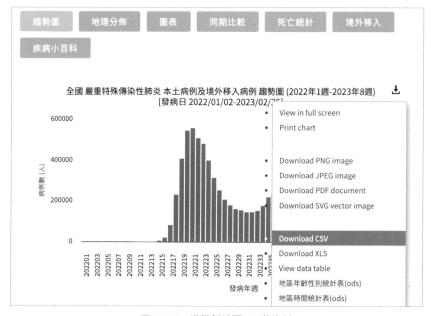

圖 10-28　進階折線圖 - 下載資料

※8　COVID19 病例數：https://nidss.cdc.gov.tw/nndss/disease?id=19CoV。

STEP/ 02 拿到資料後，就可以來建立圖表了。我們先建立 SVG。

```
// HTML
<div class="interactLineChart"></div>

// JS 設定繪製圖表的方法
const interactLineChart = async () => {
  const width = parseInt(d3.select('.interactLineChart').style('width')),
        height = 500,
        margin = 80;

  const svg = d3.select('.interactLineChart')
                .append('svg')
                .attr('width', width)
                .attr('height', height);

        // 接下來的程式碼寫在這裡
}

interactLineChart();
```

STEP/ 03 取資料並印出來看它的結構，接著用 map.filrer 濾掉不是 2022 年的資料。

```
const res = await d3.csv('./data/2022-2023-covid19.csv');
console.log(res);
const data = res.filter(i=>i['發病年週']<'202301')
```

```
▶ 0: {發病年週: '202201', 確定病例數: '305', 預警值: '', 流行閾值: ''}
▶ 1: {發病年週: '202202', 確定病例數: '475', 預警值: '', 流行閾值: ''}
▶ 2: {發病年週: '202203', 確定病例數: '482', 預警值: '', 流行閾值: ''}
▶ 3: {發病年週: '202204', 確定病例數: '414', 預警值: '', 流行閾值: ''}
▶ 4: {發病年週: '202205', 確定病例數: '404', 預警值: '', 流行閾值: ''}
▶ 5: {發病年週: '202206', 確定病例數: '407', 預警值: '', 流行閾值: ''}
▶ 6: {發病年週: '202207', 確定病例數: '445', 預警值: '', 流行閾值: ''}
▶ 7: {發病年週: '202208', 確定病例數: '413', 預警值: '', 流行閾值: ''}
▶ 8: {發病年週: '202209', 確定病例數: '417', 預警值: '', 流行閾值: ''}
▶ 9: {發病年週: '202210', 確定病例數: '452', 預警值: '', 流行閾值: ''}
▶ 10: {發病年週: '202211', 確定病例數: '610', 預警值: '', 流行閾值: ''}
```

圖 10-29　進階折線圖 - 資料結構

STEP/ 04 確認資料結構後，就可以依此建立 X 軸、Y 軸的比例尺與軸線了。

```
// map 資料集
xData = data.map((i) => parseInt(i[' 發病年週 '].substring(4,6)));
yData = data.map((i) => parseInt(i[' 確定病例數 ']));

// 設定要給 X 軸用的 scale 和 axis
const xScale = d3.scaleLinear()
                 .domain(d3.extent(xData))
                 .range([margin, width - margin])
                 .nice();

const xAxis = d3.axisBottom(xScale)
                 .tickFormat(d=>d+' 週 ')

// 呼叫繪製 X 軸、調整 X 軸位置
const xAxisGroup = svg.append("g")
                      .call(xAxis)
                      .style('font-size', '16px')
                      .attr("transform", `translate(0,${height - margin})`)

// 設定要給 Y 軸用的 scale 和 axis
const yScale = d3.scaleLinear()
                 .domain([0, d3.max(yData)])
                 .range([height - margin, margin])
                 .nice()

const yAxis = d3.axisLeft(yScale).ticks(5)

// 呼叫繪製 Y 軸、調整 Y 軸位置
const yAxisGroup = svg
    .append("g")
    .call(yAxis)
    .style('font-size', '16px')
    .attr("transform", `translate(${margin},0)`)
```

STEP/ 05 建立折線圖。

建立軸線圖之前，要先用 d3.line() 方法把路徑需要的 d 屬性值建立出來，再把 lineChart 這個方法帶入資料，並把回傳的值賦予給 <path>：

```
// 開始建立折線圖
// 設定折線圖相關資料
const lineChart = d3.line()
        .x((d) => xScale(parseInt(d[' 發病年週 '].substring(4,6))))
        .y((d) => yScale(parseInt(d[' 確定病例數 '])))

svg.append('path')
    .data(data)
    .attr("d", lineChart(data))
    .attr("fill", "none")
    .attr("stroke", "#f68b47")
    .attr("stroke-width", 1.5)
```

這樣基礎的折線圖就完成了，接著就是重頭戲：「設定滑鼠互動功能」。

pointer-event

前幾章的長條圖「滑鼠互動」功能都是直接綁定在 <rect> 上，但折線圖不能把滑鼠互動綁定在 <path> 上，因為 <path> 實在太細，使用者根本無法精確的觸發滑鼠互動，因此要先建立覆蓋整個畫面的方形，同時綁定滑鼠監聽事件，然後使用 pointer-event 的 CSS 來觸發滑鼠事件。

pointer-event 主要是提供給 SVG 使用的屬性，用來處理滑鼠事件。預設值為「auto」，若值為「none」則可以穿越該元素，點擊到下方的元素。這裡使用的是另一個屬性值「all」，它能讓滑鼠在元素內部或邊界時才會觸發：

```
// 建立一個覆蓋 SVG 的方形
svg.append('rect')
    .style("fill", "transparent")
    .style("pointer-events", "all")
    .attr('width', width - margin)
    .attr('height', height - margin)
```

```
    .style('cursor', 'pointer')
    .on('mouseover', mouseover)
    .on('mousemove', mousemove)
    .on('mouseout', mouseout);
```

建立矩形後的畫面長這樣，為了讓大家能看見矩形，筆者先把它加個半透明的背景色，如圖 10-30 所示。

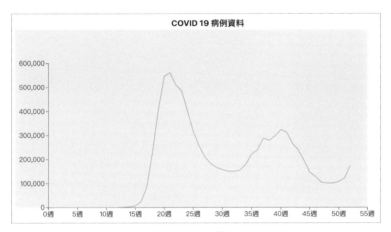

圖 10-30　進階折線圖 - 覆蓋 SVG 的方形

現在加上滑鼠滑過時，折線上要出現的圓點和資訊標籤：

```
// 建立沿著折線移動的圓點點
const focusDot = svg.append('g')
                    .append('circle')
                    .style("fill", "black")
                    .attr("stroke", "black")
                    .attr('r', 3)
                    .style("opacity", 0)


// 建立移動的資料標籤
const focusText = svg.append('g')
                     .append('text')
                     .style("opacity", 0)
                     .attr("text-anchor", "left")
                     .attr("alignment-baseline", "middle")
```

d3.bisector()

接著要設定滑鼠事件觸發的方法，此時會出現一個問題：「要怎麼知道滑鼠滑到哪邊要加上圓點呢？」這時就要利用另一個 D3.js 的 d3.bisector() 方法，但在說明 d3.bisector() 之前，我們要先談談 d3.bisect() 這個方法。

d3.bisect(array, value, [start, end]) 主要用來「尋找某數值對應一個資料陣列中的正確位置 / 最接近的位置」，使用時必須帶入參數。它的參數可以多達四個：

- **data**：要對應的資料陣列。
- **value**：要尋找位置的數值。
- **start**：尋找的起始範圍，可以不設定。
- **end**：尋找的終點範圍，可以不設定。

假設現在有一個資料陣列：

```
const data = [0, 1, 2, 3, 4];
```

想按照排序插入一筆資料：「1.25」，這時可以用 d3.bisect() 找出這筆資料在整個資料陣列中，應該要在哪個位置（index）。像是帶入 1.25 的數值就會回傳 index = 2，代表 1.25 這筆資料應該要插入到陣列中 index = 2 的位置：

```
const data = [0, 1, 2, 3, 4];
d3.bisect(data, 1.25) // return 2
```

d3.bisect() 也提供另外三個旗下的 API 來設定插入的位置：

- d3.bisectLeft
- d3.bisectRight
- d3.bisectCenter

d3.bisector() 和 d3.bisect() 的用途一樣，差別在於 d3.bisector() 是帶入一個方法作為參數，這樣就能用來搜尋整個物件資料，而不只侷限陣列資料。舉例來說，以下資料就可以用 d3.bisector() 來尋找：

```
const data = [
  {date: new Date(2023, 1, 1), value: 0.5},
  {date: new Date(2023, 2, 1), value: 0.6},
  {date: new Date(2023, 3, 1), value: 0.7},
  {date: new Date(2023, 4, 1), value: 0.8}
];
const bisectDate = d3.bisector(d=>d.date).right;
```

有發現後面還加了一個 bisector.right 方法嗎？ d3.bisector() 旗下也提供三種方法，來設定要插入的資料是從左邊或右邊尋找：

- bisector.left

- bisector.right

- bisector.center

了解 d3.bisector() 要怎麼用之後，以下來實際看看程式碼要怎麼寫：

```
// 使用 d3.bisector() 找到滑鼠的 X 軸 index 值
const bisect = d3.bisector(d=>d[' 發病年週 ']).left;

// 設定滑鼠事件
function mouseover(){
  focusDot.style("opacity", 1)
  focusText.style("opacity",1)
}

function mousemove(){
  // 把目前 X 的位置用 xScale 去換算
  const x0 = xScale.invert(d3.pointer(event, this)[0])
  // 由於 X 軸資料是擷取過的，這裡要整理並補零
  const fixedX0 = parseInt(x0).toString().padStart(2,'0')
  // 接著把擷取掉的 2022 補回來，因為 data 是帶入原本的資料
  let i = bisect(data, '2022'+ fixedX0)
  selectedData = data[i]

  // 圓點
  focusDot
```

```
// 換算到 X 軸位置時，一樣用擷取過的資料，才能準確換算到正確位置
.attr("cx", xScale(selectedData[' 發病年週 '].substring(4,6)))
.attr("cy", yScale(selectedData[' 確定病例數 ']))

focusText
.html(' 確診人數： ' + selectedData[' 確定病例數 '])
.attr("x", xScale(selectedData[' 發病年週 '].substring(4,6))+15)
.attr("y", yScale(selectedData[' 確定病例數 ']))
}

function mouseout(){
  focusDot.style("opacity", 0)
  focusText.style("opacity", 0)
}
```

這樣便完成了，最後只要呼叫 interactLineChart 這個方法就可以了。

 ## 範例③：缺少部分資料的折線圖

第三個範例來看看筆者認為最有趣的折線圖。

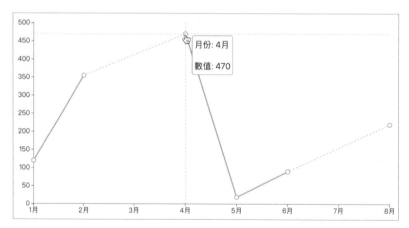

圖 10-31　**缺少部分資料的折線圖**

有時我們會拿到一些不是那麼完整的資料，它們缺失某些數值，並通常以 0、NaN、undefined 來取代，例如：

```
const data = [{x:1, y:120},
              {x:2, y:355},
              {x:3, y:0}, // 或是 y:null
              {x:4, y:470},
              {x:5, y:19},
              {x:6, y:90},
              {x:7, y:0}, // 或是 y:null
              {x:8, y:220}];
```

這樣的資料如果直接帶入圖表，會讓圖表數值看起來劇烈起伏，但其實只是部分數值缺失而已，如圖 10-32 所示。

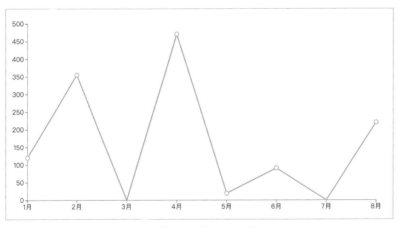

圖 10-32　**圖表起伏劇烈**

該怎麼解決這個問題呢？這時就要使用 D3.js 提供的 line.defined() 方法。

line.defined()

我們先來看看 line.defined() 這個 API。它是 d3.line() 旗下的方法，代表只有 d3.line() 可以使用。它會回傳 true 或 false 來決定資料是否存在。

預設的情況下，所有的資料都會回傳 true，但如果資料數值是 NaN 或 undefined，就會被視為不存在。若是不想呈現某些特定數值的資料，也可以用 line.defined() 來排除掉：

```
const data = [{x:1, y:120},
              {x:2, y:355},
              {x:3, y:0},
              {x:4, y:470},
              {x:5, y:19},
              {x:6, y:90},
              {x:7, y:0},
              {x:8, y:220}];

// 用 line.defined 設定只回傳 y 大於 0 的數值
const lineChart = d3.line()
                    .x((d) => xScale(d.x))
                    .y((d) => yScale(d.y))
                    .defined((d) => d.y >0)
```

　　學會怎麼使用 line.defined() 之後,接著拆解一下範例③的圖表怎麼繪製。這個圖表其實是由實線折線圖與虛線折線圖重疊組合而成,如圖 10-33、圖 10-34 所示。

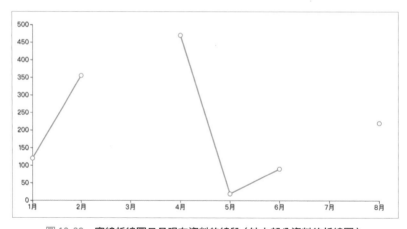

圖 10-33　**實線折線圖只呈現有資料的線段(缺少部分資料的折線圖)**

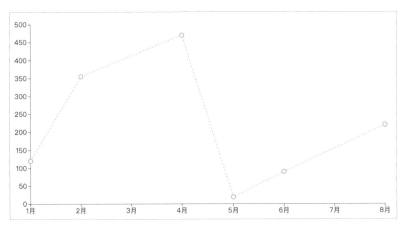

圖 10-34　虛線折線圖只處理沒有資料的情況（缺少部分資料的折線圖）

然後將兩種折線路徑重疊，就能繪製出缺少部分資料的折線圖了。

我們直接來看範例③的程式碼。由於符合資格的資料比較難找，所以筆者就先用自己定義的資料來繪製。而建立 SVG 與 X、Y 軸的步驟，這裡就不再贅述了。

STEP/ 01 直接建立繪製圖表的方法 definedLineChart，並確認資料結構。

```js
// JS
const definedLineChart = ()=>{
  const data = [{x:1, y:120},
                {x:2, y:355},
                {x:3, y:0},
                {x:4, y:470},
                {x:5, y:19},
                {x:6, y:90},
                {x:7, y:0},
                {x:8, y:220}];

    // 接下來的程式碼寫在這裡
}

definedLineChart();
```

STEP/ 02 過濾掉 y 值為零的資料後,建立路徑 d 的命令字串,並用回傳的數值建立實線折線。

```
// 建立折線圖 path 的 d 數值
// 用 line.defined 過濾掉是零的數值
const lineChart = d3.line()
                    .x((d) => xScale(d.x))
                    .y((d) => yScale(d.y))
                    .defined((d) => d.y >0)

// 建立折線
svg.append('g')
  .append('path')
  .data(data)
  .attr("fill", "none")
  .attr("stroke", "#f68b47")
  .attr("stroke-width", 1.5)
  .attr('d', lineChart(data))
```

STEP/ 03 再建立虛線折線,如此折線圖的畫面就完成了。

```
// 把 d.y 大於零的資料拉出來,另外用這些資料去建立連線
let filteredData = data.filter(d => d.y > 0);
// 也可以用 lineChart.defined()

// 建立 dashed 折線
svg.append('g')
  .append('path')
  .attr("fill", "none")
  .attr("stroke", "#f68b47")
  .attr("stroke-width", 1.5)
  .attr("stroke-dasharray", '4,4')
  .attr('d',lineChart(filteredData))
```

STEP/ 04 最後加上滑鼠互動時要出現的基準線、圓點以及工具提示框,一個完整的圖表就完成了。

```
// 加上 tooltip
const tooltip = d3.select('.definedLineChart')
                  .append('div')
                  .style('position', 'absolute')
                  .style("opacity", 0)
                  .style("background-color", "white")
                  .style("border", "1px solid black")
                  .style("border-radius", "5px")
                  .style("padding", "5px")

// 加上圓點點
svg.append('g')
   .selectAll('circle')
   .data(filteredData)
   .join('circle')
   .attr('r', '5')
   .attr('cx', d => xScale(d.x))
   .attr('cy', d => yScale(d.y))
   .attr('fill', 'white')
   .attr('stroke', "#f68b47")
   .attr('stroke-width', '2')
   .style('cursor', 'pointer')
   .on('mouseover', dotsMouseover)
   .on('mouseleave', dotsMouseleave);

function dotsMouseover(d){
   const pt = d3.pointer(event, svg.node())
   tooltip.style("opacity", 1)
         .style('left', (pt[0]+20) + 'px')
         .style('top', (pt[1]) + 'px')
         .html(`月份：${d.target.__data__.x}月` +
               `數值：${d.target.__data__.y}`)

   // 加上 X-dashed 線
   svg.append('line')
      .attr('class', 'dashed-X')
      .attr('x1', xScale(d.target.__data__.x))
      .attr('y1', margin)
```

```
    .attr('x2', xScale(d.target.__data__.x))
    .attr('y2', height-margin)
    .style('stroke', "#f68b47")
    .style('stroke-dasharray', '4' )

  // 加上 Y-dashed 線
  svg.append('line')
    .attr('class', 'dashed-Y')
    .attr('x1', margin)
    .attr('y1', yScale(d.target.__data__.y))
    .attr('x2', width-margin)
    .attr('y2', yScale(d.target.__data__.y))
    .style('stroke', "#f68b47")
    .style('stroke-dasharray', '4' )
}


  function dotsMouseleave(){
    tooltip.style('opacity', 0)
    svg.selectAll('.dashed-X').remove()
    svg.selectAll('.dashed-Y').remove()
  }
```

10.8 多線折線圖

 說明　由於書面呈現的緣故，本章節的多線折線圖效果無法完全以圖片呈現，想看完整圖表互動效果的讀者，歡迎至本書的範例網站查看：https://vezona.github.io/D3.js_vanillaJS_book/35.multiple-line-chart.html。

🏆 本小節使用的重要 API

D3.js API	用途說明
d3.group	將陣列資料分組。
d3.scaleTime	建立時間比例尺。
time.domain	設定時間比例尺的輸入域。
time.range	設定時間比例尺的輸出域。
time.nice	優化時間比例尺的範圍至標準間隔。
d3.timeParse	設定時間或日期的格式。
d3.scaleLinear	建立線性比例尺。
continuous.domain	設定連續性比例尺的輸入域。
continuous.range	設定連續性比例尺的輸出域。
continuous.nice	優化連續性比例尺的範圍至標準間隔。
continuous.ticks	設定連續比例尺刻度的數量。
continuous.tickFormat	設定軸線上刻度值的格式。
continuous.invert	將某數值反推其映射的輸入域數值。
d3.scaleOrdinal	建立一個次序比例尺。
ordinal.domain	設定次序比例尺的輸入域。
ordinal.range	設定次序比例尺的輸出域。
d3.schemeCategory10	建立 D3.js 預設的色彩版。
d3.line	建立線段產生器。
line.x	設定線段的 x 座標。
line.y	設定線段的 y 座標。
d3.brushX	建立 X 軸向的選取刷。
brush.extent	設定選取刷範圍。

前面看完基本折線圖的繪製方法，現在來看多線折線圖該怎麼繪製。

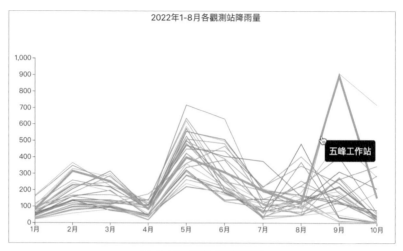

圖 10-35　**基礎多線折線圖**

　　有時拿到的資料會分成很多組,需要去比較不同組別的數據,這時候就可以使用這種多條線的折線圖去繪製,不但能看出單項目的數據,還能比較不同項目的數據差異。本章就以兩種不同互動效果的範例來練習畫多線折線圖。

　　為了和真實世界接軌,這裡一樣使用政府的開放資料來繪製折線圖。本章使用的是政府資料開放平台的「各觀測站的降雨量資料」[9],其提供 JSON 檔和 CSV 檔,之前我們已經使用 CSV 檔繪製圖表了,這次就換成使用 JSON 檔。先找到資料 JSON 檔的網址 [10],打開後的資料結構如圖 10-36 所示。

```
[
  {
    "observeDate": "2022-10",
    "observatory": "麥寮合作社",
    "dataLose": "",
    "rainfall": "5"
  },
  {
    "observeDate": "2022-09",
    "observatory": "麥寮合作社",
    "dataLose": "",
    "rainfall": "13"
  },
]
```

圖 10-36　**基礎多線折線圖 - 資料結構**

※9　各觀測站的降雨量資料:https://data.gov.tw/dataset/87672。

※10　各觀測站的降雨量資料 JSON 檔:https://data.coa.gov.tw/Service/OpenData/TransService.aspx?UnitId=5n9c3AlEJ2DH。

範例①：基礎多線折線圖

知道資料結構後，來整理一下這次基礎多線折線圖要包含的畫面與功能：

- 取 2022 年各月份的數據進行比較，不同組資料分成不同顏色。
- 滑鼠滑過折線時，會顯示這條線代表哪個觀測站提供的數據。

STEP/ O1 我們直接來看程式碼。

```
// HTML
<div class="multiLineChart"></div>

// JS
const multiLineChart = async () => {
  // SVG
  const width = parseInt(d3.select('.multiLineChart').style('width')),
        height = 500,
        margin = 60;

  const svg = d3.select('.multiLineChart')
                .append('svg')
                .attr('width', width)
                .attr('height', height);

    // 接下來的程式碼放這裡
};

multiLineChart();
```

STEP/ O2 接著是取資料環節。

由於筆者只想抓 2022 年的資料，所以要使用 filter 方法篩選掉 2022 年以外的資料，再用所得到的資料去繪製圖表。拿到想要的資料後，接著要把 X 軸、Y 軸需要的資料分別抓出來。這裡要注意的是，有些月份沒有降雨量資料，必須先把這些沒有資料的部分轉成 0，否則建立軸線時會出錯。

```
// 取資料集
const res = await d3.json('https://data.coa.gov.tw/Service/
OpenData/TransService.aspx?UnitId=5n9c3AlEJ2DH')

// 只取 2022 年的資料
const data = res.filter(d=>d.observeDate.substr(0,4)==='2022')

const xData = data.map((i) => i.observeDate.substr(5,6));
const yData = data.map((i)=>{
  let rainfall = parseFloat(i.rainfall)
  return rainfall = rainfall || 0
})
```

STEP/ **03** 用整理好的資料去建立比例尺和 X 軸、Y 軸。

```
// 設定要給 X 軸用的 scale 和 axis
const xScale = d3.scaleLinear()
                 .domain(d3.extent(xData))
                 .range([margin, width - margin])
                 .nice()

// X 軸的刻度
const xAxisGenerator = d3.axisBottom(xScale)
                         .ticks(8)
                         .tickFormat(d => d + '月')

// 呼叫繪製 X 軸、調整 X 軸位置
const xAxis = svg
   .append("g")
   .call(xAxisGenerator)
   .attr("transform", `translate(0,${height - margin})`)

// 設定要給 Y 軸用的 scale 和 axis
const yScale = d3.scaleLinear()
                 .domain(d3.extent(yData))
                 .range([height - margin, margin])
                 .nice()
```

```
const yAxisGenerator = d3.axisLeft(yScale)

// 呼叫繪製 Y 軸、調整 Y 軸位置
const yAxis = svg
    .append("g")
    .call(yAxisGenerator)
    .attr("transform", `translate(${margin},0)`)
```

STEP/ 04 要建立分組的組別，把哪些資料是同一組（同一觀測站）的抓出來，用來建立不同
條折線，另外也要設定折線的顏色。

```
// 把資料按照 name 分組
const sumName = d3.group(data, d => d.observatory);
const color = d3.scaleOrdinal()
                .domain(data.map(d=>d.item))
                .range(d3.schemeCategory10);
```

STEP/ 05 建立工具提示框。

```
// 建立 tooltip
const nameTag = d3.select('.multiLineChart')
                .style('position', 'relative')
                .append('div')
                .attr('class', 'nameTag')
                .style('position', 'absolute')
                .style("display",'none')
                .style("background-color", "black")
                .style("border-radius", "5px")
                .style("padding", "10px")
                .style("color", "white")
```

STEP/ 06 建立折線線段並綁定滑鼠事件，才能在滑過線段時顯示工具提示框。

 注意　其實將事件綁在折線圖的線段上不是明智的選擇，因為線段太細了，使用者很難準確
的滑到線段上，正確作法是應該另外建立顏色標籤，去標明每條線代表哪個觀測站。

這裡只是要示範折線圖的滑鼠事件，所以就先綁吧：

```javascript
// 開始建立折線圖
svg.selectAll('.line')
    .data(sumName)
    .join('path')
    .attr("fill", "none")
    .attr("stroke", d => color(d))
    .attr("stroke-width", 1.5)
    .attr("d", d => {
        return d3.line()
          .x((d) => xScale(d.observeDate.substr(5,6)))
          .y((d) => {
            let rainfall = parseFloat(d.rainfall)
            rainfall = rainfall || 0
            return yScale(rainfall)
            })
          (d[1])
    })
    .style('cursor', 'pointer')
    .on('mouseover', handleMouseover)
    .on('mouseleave', handleMouseleave)

// 滑鼠事件
function handleMouseover(d){
  const pt = d3.pointer(event, this)
  d3.select(this).style('stroke-width', '5')

  nameTag.style("display",'block')
        .html(d.target.__data__[0])
        .style('left', (pt[0]+10) + 'px')
        .style('top', (pt[1]+ 10) + 'px')
}

function handleMouseleave(d){
  d3.select(this).style('stroke-width', '1')
  nameTag.style("display",'none')
}
```

範例②：多線折線圖搭配選取刷

　　除了滑鼠事件之外，多線折線圖更常搭配的互動效果是放大縮小。由於多線折線圖的折線通常很密集，爲了方便使用者查找某個時期的資料，往往會搭配選取刷與放大的效果來繪製圖表，如圖 10-37、圖 10-38 所示。

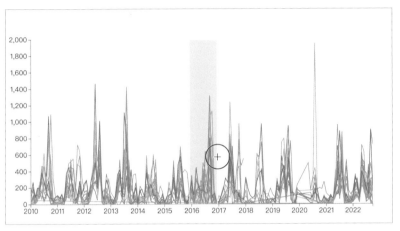

圖 10-37　**多線折線圖搭配選取刷 - 選取**

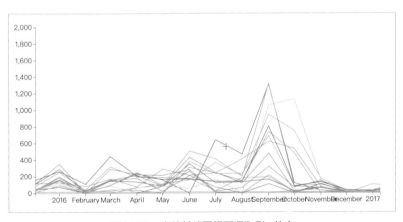

圖 10-38　**多線折線圖搭配選取刷 - 放大**

　　這個範例比較難一點，會運用到 d3.brush 的功能，不清楚該怎麼使用的讀者可以翻閱前面的章節。另外，由於這個範例包含縮放功能，因此筆者會把全部的資料都納入，不像「範例①：基礎多線折線圖」只取 2022 年的資料。

STEP/ 01 我們直接來看程式碼。

　　基本上，建立多線折線圖的程式碼與範例①相同，只是範例②的 X 軸繪製方式略有不同，會改用 scaleTime 方法來建立。為了使用 scaleTime，需要設定一個方法，把日期用 d3.timeParse() 轉成 D3.js 能夠讀懂的數據：

```
// 設定 format 時間的方法
const parseTime = (d)=>d3.timeParse("%Y-%m")(d)

// 設定要給 X 軸用的 scale 和 axis
const xScale = d3
    .scaleTime()
    .domain(d3.extent(data, d => parseTime(d.observeDate)))
    .range([margin, width - margin])
```

STEP/ 02 建立好折線圖後，設定選取刷是本次範例的關鍵。

　　我們得先增添一個 <clipPath> 標籤，用以將超過其畫布範圍的圖表裁斷。<clipPath> 的範圍會限縮在 X 軸、Y 軸線的範圍內，確保圖表縮放後，不會超過 X 軸、Y 軸，同時也設定建立選取刷的方法：

```
// 建立一個畫布範圍，超過此畫布的畫面都不會被渲染，這樣才能控制縮放的大小
const clip = svg.append("defs")
                .append("clipPath")
                .attr("id", "clip")
                .append("rect")
                .attr("x", margin)
                .attr("y", margin)
                .attr("width", width-margin*2)
                .attr("height", height-margin*2)

// 加上 brush
const brush = d3
    .brushX()
    .extent([[margin, margin], [width-margin, height-margin]])
    .on("end", updateChart)
```

STEP/ 03 建立好基本折線圖後,將折線圖綁定 brush。

```
// 開始建立折線圖
const line = svg.append('g')
                .attr("clip-path", "url(#clip)");

line.selectAll('.line')
    .data(sumName)
    .join('path')
    .attr('class', 'line')
    .attr("fill", "none")
    .attr("stroke", d => color(d))
    .attr("stroke-width", 1.5)
    .attr("d", d => {
        return d3.line()
          .x((d) => xScale(parseTime(d.observeDate)))
          .y((d) => {
            let rainfall = parseFloat(d.rainfall)
            rainfall = rainfall || 0
            return yScale(rainfall)
            })
        (d[1])
    })
```

STEP/ 04 設定放開選取刷後要進行的 updateChart 方法。

這裡十分重要,是縮放的關鍵:

- 先設定一個 extent 變數,代表選取刷選取後會回傳的範圍。

- 把 X 軸比例尺的輸入域設定成選取刷的範圍,這樣就能進行縮放。這裡使用 d3.invert() 方法,把得到的選取刷範圍數值轉換成原本 X 軸比例尺使用的數據。

- 選取結束後,移除選取刷的灰色選取區塊。

- 最後重新渲染一次 X 軸和折線圖,讓它們依照新設定的比例尺去重新渲染,就能 得到放大後的圖表了。

```
// add brush
line.append('g')
    .attr('class', 'brush')
    .call(brush)

// brush end function
function updateChart(event, d){
  // brush 的範圍，會回傳一個 [x0, x1] 的陣列
  extent = event.selection

  if(extent){
    // xScale.invert 是把回傳的 x0 和 x1 變成 xscale 接受的數值
    xScale.domain([xScale.invert(extent[0]),
    xScale.invert(extent[1])])
    // 移除 brush 的灰色區塊
    line.select(".brush").call(brush.move, null)
  }

  // 按照更新的 domain 範圍值重新渲染圖表
  xAxis.transition().duration(1000).call(d3.axisBottom(xScale))
  line.selectAll('.line')
      .transition()
      .duration(1000)
      .attr("d", d => {
        return d3.line()
          .x((d) => xScale(parseTime(d.observeDate)))
          .y((d) => {
            let rainfall = parseFloat(d.rainfall)
            rainfall = rainfall || 0
            return yScale(rainfall)
          })
        (d[1]) // 只取資料的部分帶入
      })
}
```

STEP/ 05 最後，圖表一直不停放大也不是辦法，筆者希望雙擊 SVG 時可以縮回原本的比例，因此要設定 SVG 被雙擊時，X 軸比例尺會回到原本設定的比例尺，並且同樣重新渲染一次 X 軸和折線圖。

```javascript
// 雙擊 SVG 縮回原本大小
svg.on('dblclick', function(){
    // 回到原本的大小
  xScale.domain(d3.extent(data, d => parseTime(d.observeDate)))

    // 重新呼叫渲染軸線和折線
  xAxis.transition().duration(1000).call(d3.axisBottom(xScale))
  line.selectAll('.line')
      .transition()
      .duration(1000)
      .attr("d", d => {
        return d3.line()
          .x((d) => xScale(parseTime(d.observeDate)))
          .y((d) => {
              let rainfall = parseFloat(d.rainfall)
              rainfall = rainfall || 0
              return yScale(rainfall)
          }) (d[1])
      })
})
```

這樣選取刷的功能就全部完成啦！

至此，D3.js 的功能與常見圖表繪製全部解說完畢。很高興能和各位讀者共享這一段充滿趣味的旅程，希望這本書能讓大家感受到圖表世界的趣味，也期待更多讀者能從中受益，踏著學到的知識繼續前進。

MEMO